YEWAI JINGLING
CHUANSHANJIA

穿山甲

# 野外精灵

陈金平　主编

泰山出版社 · 济南 ·

**图书在版编目（CIP）数据**

野外精灵. 穿山甲 / 陈金平主编. —济南：泰山出版社，2020.12

ISBN 978-7-80634-966-3

Ⅰ.①野… Ⅱ.①陈… Ⅲ.①动物—青少年读物 ②穿山甲—青少年读物 Ⅳ.①Q95-49 ②Q959.835-49

中国版本图书馆CIP数据核字（2020）第212098号

YEWAI JINGLING · CHUANSHANJIA

野外精灵 · 穿山甲

**主　　编** 陈金平
**责任编辑** 王艳艳
**装帧设计** 路渊源

**出版发行** 泰山出版社
**社　　址** 济南市泺源大街 2 号　邮编　250014
**电　　话** 综　合　部（0531）82023579　82022566
市场营销部（0531）82025510　82020455
**网　　址** www.tscbs.com
**电子信箱** tscbs@sohu.com
**印　　刷** 山东临沂新华印刷物流集团有限责任公司
**开　　本** 170 mm × 240 mm　16 开
**印　　张** 6.75
**字　　数** 110 千字
**版　　次** 2020 年 12 月第 1 版
**印　　次** 2020 年 12 月第 1 次印刷
**标准书号** ISBN 978-7-80634-966-3
**定　　价** 45.00 元

# 编 委 会

**主　编：**陈金平

**副主编：**华　彦

**编　委：**江海英　包　衡　李林妙　孙　松

安富宇　徐锦前　王　姣

# 穿山甲想说的话

人类：

你们好！

我是这大千世界中为数不多的专门喜欢吃蚁类的哺乳动物。我与南非的犰狳、食蚁兽在外形上很像，而且也都爱吃虫子。可是，你们知道吗？在分类学上，和我亲缘关系最近的其实是食肉目的动物。我的家族现在有8个物种，仅分布在亚洲和非洲地区，但大多数学者的研究认为，在远古时代我们是起源于欧洲的。我很可爱，是少数披着铠甲的精灵，我的特征可以用“身披铠甲、嗅觉灵敏、口味独特”来总结，你们还模仿了我的外形做了战甲和背包呢。我还非常聪明，擅长游泳、挖洞，还会把吃不完的蚂蚁圈养起来，等等。想知道更多关于我和我家族的有趣知识吗？那就快快翻开这本科普书吧。

在你们人类的传统意识中，我有着很重要的药用价值，长期以来人类对我们大肆非法捕猎，破坏我们的栖息地，再加上生态环境的改变，我和我的家族已经处于濒危状态了，有的物种甚至处于极度濒危状态，比如分布在中国的野生中华穿山甲几乎绝迹了。目前，我的家族中8个物种全部被列入了《濒危野生动植物种国际贸易公约》。

鉴于我们有重要的生态价值、药用价值、经济价值，并且受到严重威胁，如何保护和恢复我们的种群数量一直是动物学家研究的主要内容。近几十年来，你们当中的一些学者在穿山甲人工驯养繁育方面做了一些探索工作，例如，中国台湾动物园等少数机构能够成功繁殖我们其中的重要一员——中华穿山甲，并初步解决了人工配合饲料问题。但这仍处于小规模探索阶段，我们的种群并未得到稳定的繁殖。

近年来，人类走私越来越猖狂，因罚没而需要救护的同胞也越来越多，其中主要的是中华穿山甲和马来穿山甲。专家们认为，充分利用救护种群开展人工驯养繁育来挽救我们是保护我族群的重要途径。然而，由于我们的习性独特，只喜欢吃蚁类，人工救护饲养难度大；同时缺乏野外生物学研究的素材，严重制约了人工救护效率。目前，主要面临的难题是被救护的穿山甲同胞们亲缘关系不清晰，你们的疾病诊疗技术不成熟，以及人工救护环境与饲料不适应等。迄今为止，人工救护和繁育关键技术问题还没有得到有效解决，制约了对我们种群的有效保护。

可喜的是，在中国南方几个野生动物救护研究中心的努力下，成功救护的马来穿山甲同胞们已形成一个小种群，在人工饲料、疾病检测和防治、人工繁育方面积累了一些经验。人工救护的马来穿山甲同胞的繁殖周期为1年，一次只能生产一个宝宝，孕期一般为6个月，哺乳期为3～6个月。在人工救护的马来穿山甲同胞中，存活时间最长的已经有8个年头，还有了子孙。由此可见，通过人工繁育穿山甲来复壮我们的种群是可行的。

令人悲伤的是，总有那么一拨恶人大肆抓捕、走私、吃我的同胞。作为野生动物的一员，我们身上其实携带了不少病原。我们身上携带的病毒是否有感染人类的风险尚不清楚，所以恳请亲爱的人类不要再吃我和我的同胞了！

通过此书，意图向你们介绍一下我和我族群的分布、行为、生态、繁殖、救护等方面的知识，帮助大家正确认识和了解我们，希望你们一起来参与对我们的保护工作。我们都是地球上的一员，希望你们和我的族群以及其他的野生动物和谐相处，共同维护这个美丽星球的生物多样性！

# 目录

CONTENTS

# 第一章　什么是穿山甲

## 第一节　你对穿山甲的初印象是什么

哺乳动物根据体形和体重分为小型哺乳动物、中型哺乳动物和大型哺乳动物。以兔形目动物（如蒙古兔）为准，体形小于或等于兔形目动物的为小型哺乳动物；以犬科动物（如狼）、灵长类动物（如猕猴）、偶蹄类动物（如麝）为准，体形大于兔形目动物，小于或等于狼、猕猴、麝的为中型哺乳动物，体形大于狼、猕猴、麝的为大型哺乳动物。因此，按照这个标准，穿山甲属于小型哺乳动物。

穿山甲，俗称鲮鲤，因为它身上布满了鳞片，像鲤鱼一样（英文名称为Pangolin）。穿山甲并不是一个物种的名称，而是现存8种穿山甲的统称。我国最早在《楚辞·天问》中就有关于穿山甲的记载："鲮鱼何所？"《楚辞补注》中解释道："一云鲮鱼，鲮鲤也，有四足，出南方。"北魏人高祐因认出穿山甲而闻名，《魏书·高祐传》："高宗末，兖州东郡吏获一异兽，献之京师，时人咸无识者。诏以问祐，祐曰：此是三吴所出，厥名鲮鲤，余域率无。"

在分类科学上，穿山甲被归类到哺乳纲真兽亚纲鳞甲目穿山甲科。

8 种穿山甲都没有再细分为亚种。关于 8 种穿山甲内部的分类和命名在科学界中存在一些不同的意见。有的人将 8 种穿山甲都归为一个属，叫作穿山甲属（拉丁学名为 *Manis*）。属名 *Manis* 来源于马来语“pengguling”，意思是卷为一团的东西，因为穿山甲遇到危险时经常卷成一团。也有的人将 8 种穿山甲分为 3 个属，甚至最多的时候有人将穿山甲分成了 6 个属。

现存的 8 种穿山甲中，4 种来自亚洲，即中华穿山甲、印度穿山甲、马来穿山甲和菲律宾穿山甲；4 种来自非洲，即长尾穿山甲、树穿山甲、南非穿山甲、大穿山甲。

根据历史文献记录以及老人的描述，以前穿山甲在我国南方的野外很常见，后来由于种群数量急剧下降，8 种穿山甲都被列入了《濒危野生动植物种国际贸易公约》（附录 I）进行保护，严格管控它们的贸易。以前，在我们国家数量最多的穿山甲是中华穿山甲，现在我国的野外已经很难发现中华穿山甲的踪迹了。马来穿山甲又称为爪哇穿山甲，是东南亚分布最广的穿山甲，与中华穿山甲地理分布位置有些重叠。但是马来穿山甲背部鳞片比中华穿山甲少，前肢的爪子更短，尾巴更长也更细，生活方式比中华穿山甲更像是树栖。长尾穿山甲又被人们称为黑腹穿山甲。树穿山甲也叫白腹穿山甲、非洲树穿山甲或者三尖穿山甲。南非穿山甲又称为开普穿山甲、地穿山甲、红穿山甲。大穿山甲又叫作巨地穿山甲，是现存体型最大的一种穿山甲。成年的大穿山甲的体长可达 1.5 米，体重可达 33 千克，但只有极少数个体能达到这个级别。穿山甲的中文名称和英文名称在不同的地方可能有不同的叫法，但是一个物种的拉丁学名一般是唯一的，我们在阅读不同的读物时可以认准它们的拉丁学名。

# 第二节　穿山甲长什么样

穿山甲是哺乳动物，具有哺乳动物的典型特征：身体表面被毛，胎生，哺乳，使用肺呼吸，大脑比较发达，一般分头、颈、躯干、四肢和尾五个部分，体温恒定。其中，胎生和哺乳是哺乳动物最显著的特征。

穿山甲全身覆盖着鳞片，鳞片中还杂有毛发，这在哺乳动物中比较少见。它们的两颊、眼、耳、颈、腹部、四肢外侧和尾基有白色或棕黄色稀疏的毛发。它们有强壮的弯曲的爪子，可以挖掘蚁巢。它们的嘴巴很小而

穿山甲

且没有牙齿，但有一条很长的有黏性的舌头，用来粘取蚂蚁或白蚁。穿山甲的视力很弱，经常看不清楚东西，主要依靠灵敏的嗅觉行走“江湖”。穿山甲有雌、雄之分，雌、雄穿山甲的外形是不一样的，雌的穿山甲有1对乳头，很容易辨别。

穿山甲是比较好辨认的，因为它是哺乳动物中唯一一种全身长满鳞片的动物。但是，我们该如何科学地进行鉴定呢？传统的分类学专家进行形态学分类时，一般会用对比和归纳的方法，将动植物按不同的分类级别（界、门、纲、目、科、属、种）选出重要的、突出的、稳定的特征，然后按照二歧分类法将这些特征编写成检索表，就可以用来查询比对了。查询时从第一项开始，按照特征后对应的序号逐级检索，直到检索到所需项目。例如，在哺乳纲的真兽亚纲的检索表中，首先从第一项的特征“后肢存在”对应序号2，指引到第二项检索；再从“无翼膜”对应序号3，指引到第三项检索；从“牙齿缺失，身被鳞甲”检索到鳞甲目，鳞甲目下只有穿山甲科一个科，这时我们就能确定它是穿山甲啦。

瞧，我的尾巴多粗壮

## 真兽亚纲分目检索表

1 后肢存在 …………………………………………………………………………… 2
后肢缺失 ………………………………………………………………………… 12
2 指骨末端至肱骨，体侧、后肢及尾间有翼膜，适于飞行 ……………… 翼手目
无翼膜 ……………………………………………………………………………… 3
3 牙齿缺失，身被鳞甲 ……………………………………………………… 鳞甲目
有牙齿，体无鳞甲 ……………………………………………………………… 4
4 上下颌的前方有 1 对发达的呈锄状的门牙 …………………………………… 5
门牙不呈锄状 ……………………………………………………………………… 6
5 上颌门牙 1 对 ……………………………………………………………… 啮齿目
上颌具前后重叠排列的 2 对门牙 ………………………………………… 兔形目
6 四肢末端趾分明，趾端有爪或趾甲 …………………………………………… 7
四肢末端趾愈合，或有蹄 …………………………………………………… 10
7 前后肢拇趾与他趾相对，两眼直视 ……………………………………… 灵长目
前后肢拇趾不与他趾相对，两眼侧视 ………………………………………… 8
8 吻部尖长，牙齿结构比较原始，分化不明显 …………………………… 食虫目
吻部正常，牙齿分化明显 ……………………………………………………… 9
9 四肢变为鳍状，体形呈纺锤状，适于游泳 ……………………………… 鳍足目
四肢正常（趾分离，末端具爪），体形通常适于陆上奔走 ……………… 食肉目
10 体形特别巨大，鼻长而能弯曲 …………………………………………… 长鼻目
体形巨大或中等，鼻不延长也不能弯曲 ……………………………………… 11
11 四肢仅第三或第四趾大而发达 …………………………………………… 奇蹄目
四肢第三、四趾均发达而等大 ……………………………………………… 偶蹄目
12 同型齿或无齿，呼吸孔通常位于头顶，多数具背鳍；乳头腹位 ………… 鲸目
多为异型齿，呼吸孔在吻前端，无背鳍，乳头胸位 ……………………… 海牛目

那如何进一步确定它是 8 种穿山甲中的哪一种呢？我们将 8 种穿山甲的形态特征进行对比，整理出它们之间的区别，对照以下特征就可以尝试对穿山甲进行细分啦。

### （1）中华穿山甲

中华穿山甲是一种中小型哺乳动物，体全长可达 89 厘米，体重一般为 3 ~ 5 千克，最重的个体可达 8 千克。尾巴约为 40 厘米，不到身体总长的一半，明显比其他种的穿山甲短。中华穿山甲体形狭长，呈流线型，半筒状。头骨比马来穿山甲粗短，脑颅大，头呈圆锥状，上面长着一对小眼睛，有一对瓣状而下垂的筒状小耳朵。吻部细长，但比马来穿山甲的吻要钝和大，吻端裸露呈肉色，无齿，舌长达 20 厘米，能自由伸缩舔食。在肛门隆起处有一个横向长圆形凹状物，可能是腺状体的一部分，肛门腺会产生麝香气味，这是中华穿山甲所特有的。中华穿山甲四肢粗壮，后肢稍短，五趾稍弯曲，趾端有强爪，与其掘土而居的生活习性相适应，行走时前爪背着地。体表长着鳞片，总数为 520 ~ 580 片，呈覆瓦状排列，鳞片之间有黄棕色硬毛，成丛地伸出鳞外。两颊、眼、下颌、喉以及四肢的内侧不披鳞，有黄白或红棕色的稀毛。鳞片为黑褐色或灰褐色，但老年个体边缘呈黄褐色或橙褐色，幼兽尚未角化的鳞片呈黄色。

这个物种最明显的特征是它拥有更厚实的身体、更短的尾巴、更大的耳郭以及更长的前爪，尾巴末梢为颗粒状的肉质护垫。

### （2）印度穿山甲

印度穿山甲体形比中华穿山甲大。它的体全长可达 125 厘米（最长记录为 170 厘米），头体长（不含尾巴的长度）45 ~ 75 厘米，尾长 33 ~ 50 厘米，成体体重 4.7 ~ 9.5 千克。尾巴比中华穿山甲的要更短更粗大。外耳较小，吻较中华穿山甲的要钝和大，四肢比较粗壮，前足 4 趾，后足 5 趾。趾端上的爪子粗大而锐利。除了脸部、腹部、四肢内侧之外，全身长着鳞片，鳞片相对较大并且呈黑褐色。

这个物种最容易与其他亚洲穿山甲相区分，因为它的体形更大，鳞片更大，耳郭更小（尤其是和中华穿山甲相比）。区别于其他亚洲穿山甲的另一特点为印度穿山甲尾端腹侧有鳞片，其他亚洲穿山甲则是多肉的尾垫。

### （3）马来穿山甲（爪哇穿山甲）

马来穿山甲体全长约为140厘米，头体长约65厘米，尾长约56厘米，尾长与头体长的百分比约为90%，体重4～7千克，擅长攀爬。雄性个体较雌性个体要大。脚爪厚而强壮。头骨较中华穿山甲的要细长。耳较小，吻细长而尖窄，没有牙齿，舌头很长且带有黏性。身体由成列的鳞片覆盖着，鳞片间长有刚毛，鳞片颜色偏黄。马来穿山甲与中华穿山甲和印度穿山甲的最大区别是尾巴更长，并且稍窄。

### （4）菲律宾穿山甲

菲律宾穿山甲一般体全长100～130厘米，重4～7千克，尾长大约是头体长度的90%，形态与马来穿山甲非常相似。该物种雄性比雌性更大更重。体表长着鳞片，鳞片间夹杂着少量毛发，鳞片整体呈圆形。在腹部表面、四肢内侧无鳞片分布，头部和面部呈粉红色，并覆盖有浓密的白色毛发。背部和腹部都覆盖着鳞片。鳞片总数为850～1000枚，大小和形状各不相同。背部的鳞片呈宽菱形，是第一行肩胛后鳞片的两倍宽。四肢上的鳞片从上往下逐渐变小，后肢中央有一龙骨脊，末端尖锐，尾部边缘的鳞片十分锋利。

它与马来穿山甲极易混淆，我们可以从鳞片行数和不同位置的鳞片大小加以区分，如肩、肩胛和肩胛后位置上鳞片的大小。但是，目前样本量太少，不能完全确定通过鳞片行数来区分的方法的有效性。此外，我们还可以借助DNA比对对其进行区分。

以上四种穿山甲分布于亚洲，以下要介绍的四种穿山甲分布于非洲。分布在非洲的穿山甲与它们在亚洲的家族成员的最大区别是非洲穿山甲的鳞片间没有毛发。

### （5）长尾穿山甲（黑腹穿山甲）

长尾穿山甲全长约为120厘米，头体长30～40厘米，尾巴长60～80厘米，成体体重1.1～3.6千克。长尾穿山甲的尾长大约是头体长的150%，是所有穿山甲中尾巴最长的。腹部（大部分）、面部、四肢内侧、前肢上半部以及前爪的皮肤和毛发呈黑色。鳞片覆盖了身体的背部和侧面，但面部、咽喉、腹部、前后肢内侧和前肢的上半部分没有鳞片，鳞片基部呈深棕色，边缘呈黄色或金色。它的全身鳞片数为542～637枚。与其他穿山甲一样，长尾穿山甲没有牙齿。舌长16～18厘米，末端扁平。人们常常把长尾穿山甲与同地区分布的树穿山甲混淆。事实上，两种穿山甲通过皮肤颜色、鳞片大小和鳞片颜色很容易就能区分开来。长尾穿山甲的鳞片呈深棕色，边缘呈金黄色，比树穿山甲的鳞片大，而树穿山甲的鳞片呈灰褐色或黄褐色；同时，长尾穿山甲的鳞片比树穿山甲的鳞片要长得多。长尾穿山甲有两块很大的肩胛后鳞片，但比树穿山甲的小一些。长尾穿山甲与非洲大陆的两种陆栖穿山甲（大穿山甲和南非穿山甲）的区别在于它的体形较小，尾巴极长，皮肤颜色和鳞片颜色独特。

### （6）树穿山甲（白腹穿山甲）

树穿山甲是一种小型半树栖非洲穿山甲，全长为85～90厘米，尾巴长约50厘米，其尾长与头体长比约为1.25：1，体重为1～3千克。树穿山甲是目前穿山甲家族中体重最轻的。树穿山甲眼小，耳小，吻尖；四肢比较粗壮；甲片为暗褐色；尾巴呈扁平状，长度仅次于长尾穿山甲，并且比长尾穿山甲的要窄、细，具有缠绕性。

### （7）南非穿山甲（开普穿山甲）

南非穿山甲体全长为90～110厘米，头体长50～60厘米，尾巴长

40 ~ 50 厘米，尾长约占头体长 85%，体重为 9 ~ 10 千克；它的眼睑很厚，外耳已退化到几乎看不到的程度。脚强壮有力，脚爪大。除了脸部和腹部之外，全身生长着覆瓦状排列的黄色的像鱼鳞一样的鳞片。与其他穿山甲相比，南非穿山甲最显著的特征是能像人一样双脚站立行走。

### （8）大穿山甲

大穿山甲因个头大而得名，与同样在非洲的树穿山甲和长尾穿山甲相比，它的鼻子更长，身体和尾巴上的鳞片更多。大穿山甲是目前所有穿山甲中体重最重的，成年个体体重可达 20 ~ 35 千克。尾长约占头体长 100%。体形是最好辨认它们的方式。

随着生物学的发展，现在还可以用分子生物学手段进行快速的鉴定。通过提取它们的 DNA，进行遗传序列比对就可以很方便地进行穿山甲的物种鉴定。当然这需要专业人员使用专门的仪器来进行。

## 第三节　穿山甲的家乡在哪里

穿山甲的 8 个物种仅分布在亚洲和非洲。

中华穿山甲不仅分布于我国，而且广泛分布于东亚、东南亚北部和南亚部分地区，如不丹、印度、老挝、缅甸、尼泊尔、泰国、越南等。在我国内地（大陆），主要分布于广东、广西、海南、云南、贵州、四川（军莲、马边、西昌和米易）、西藏（察峪、芒康）、江苏（宁镇）、山东（崂山）、重庆（秀山、南川、酉阳、涪陵）、上海（金山、奉贤）等地。在我国香港特别行政区，中华穿山甲在新界中部和东北部及大屿山均有记录；在我国台湾，中华穿山甲分布广泛，还存在一定的种群数量，除岛的西部以外，其他海拔较低地区皆有分布。但在我国内地（大陆），中华穿山甲呈现点状分布，仅在少数省份有发现，种群数量都不大，保护形势日趋严峻。

印度穿山甲主要分布于南亚，从巴基斯坦北部、东南部，及整个喜马拉雅山脉以南的印度次大陆，到印度东北部和斯里兰卡都有分布。有人认为，在我国云南也有印度穿山甲分布，但对于标本的来源仍然存在一些争议。

马来穿山甲不是单单分布于马来西亚，而是广泛分布于东南亚。除了菲律宾，目前有马来穿山甲分布的国家包括文莱、柬埔寨、印尼、老挝、马来西亚、缅甸、新加坡、泰国、越南等。在缅甸，马来穿山甲分布于中

瞧，我多壮硕

这里会有白蚁吗?

部的克伦邦和南部的德林达依地区。在泰国，该物种分布在西部、南部和东南部及其周围的岛屿。在老挝，主要分布在除北部和东北部以外的地区，但近期记录较少。在柬埔寨，主要分布在东部、北部、南部和沿海地区。在越南，马来穿山甲出现在中南部地区，从乂安省（普马国家公园）南至金瓯省（胡志明市国家公园）；此外，还有来自广南省、河静省、广平省等地方的记录。马来穿山甲也广泛分布于马来西亚半岛和马来西亚婆罗洲。在印度尼西亚，马来穿山甲广泛分布于加里曼丹、苏门答腊、爪哇、基乌和林加群岛、邦卡和贝里东、尼亚斯和帕吉群岛、巴厘岛和附近的岛屿。目前我国境内查获的走私穿山甲大部分是马来穿山甲，尚不确定我国境内的野外是否有马来穿山甲分布。

菲律宾穿山甲是菲律宾巴拉望岛动物区特有的动物，分布于巴拉望岛、卡拉梅恩群岛和周围较小的岛屿，分布区域狭窄，数量稀少。

长尾穿山甲分布在非洲西部和中部的森林地区，从塞拉利昂到刚果盆地的东部边界都有长尾穿山甲的踪迹。

树穿山甲广泛分布于非洲西部、中部和西非的几内亚、塞拉利昂、利比里亚、科特迪瓦。人们也曾在尼日利亚南部、喀麦隆、赤道几内亚、加蓬和刚果共和国等国家和地区发现树穿山甲的踪迹。

南非穿山甲广泛分布于非洲南部和东部地区，它的分布地呈斑块状，由猎物、洞穴等因素决定。南非穿山甲分布的北部边界并不清楚：在乍得东北部的恩内迪、中非东北部的奥安达加勒地区都有记录。

大穿山甲广泛分布于赤道附近的非洲国家，塞内加尔、几内亚比绍、几内亚、塞拉利昂、利比里亚、科特迪瓦和加纳都有分布记录。

## 第四节　穿山甲喜欢吃什么

穿山甲没有牙齿，却有一条又长又细的舌头，富有黏性。这些独特的生理结构特征，使得它们的口味也很独特。在野外，穿山甲主要以白蚁和蚂蚁为食，它们不只吃成年白蚁或蚂蚁，还吃蚁卵、昆虫幼虫和蛹。穿山甲的胃口很大，很能吃，一只穿山甲的胃能装 0.5 千克左右的白蚁。

作为穿山甲最喜欢的食物，白蚁的体内含有丰富的蛋白质，含 50% 以上的粗蛋白和 20 多种氨基酸，丰富的矿物质、维生素以及特殊的化学物质（如蚁酸）等，这些都可以为穿山甲提供营养。

穿山甲吃白蚁其实是在帮助人类除害，为何这么说呢？白蚁在动物分类上属昆虫纲等翅目，是一种比较原始但却对人类危害极大的社会性昆虫。白蚁主要通过修筑泥被、泥线，用泥土包裹树干，吃掉树皮甚至树芯。它们对林木造成了巨大危害，包括蛀蚀林业苗圃和幼林，侵袭园林、马路行道和公路的绿化树木，以及破坏原始森林、果树等。根据全国白蚁防治中心统计，广东和海南 80% ~ 90%、福建 40% ~ 75% 的房屋建筑遭受白蚁的危害；浙江杭州 86% 的名胜古迹遭受白蚁的危害……此外白蚁还在园林植被、水利工程、电力通信等方面造成巨大的经济损失。

危害经济林木的白蚁主要有三种：一是台湾乳白蚁，具有很强的扩散性和适应能力，巢群庞大，是典型的土木两栖白蚁；二是黑翅土白蚁，它们在分类上属白蚁科土白蚁属，在我国南方一般在 4 ~ 7 月的雷雨时或大雨后的傍晚时从蚁巢中飞出，会构筑大型复杂的地下蚁巢，群体庞大，栖息在土壤中；三是黄胸散白蚁，群体小而散，因此叫作散白蚁，危害大，治理难，通常在每年 10 月羽化，次年 2 ~ 4 月从蚁巢中飞出，土木两栖。

我有一双炯炯有神的眼睛

这里白蚁可真多

穿山甲很挑食，对猎物的种类、大小都是有所选择的。中华穿山甲喜欢取食栖息在土壤中并且有较大种群规模的白蚁群，比如种群数量达到几百万的蚁群，而不是筑巢于树上的大个白蚁和小规模的蚁群。那些只有几千只白蚁的蚁群，穿山甲往往“不屑一顾”。中华穿山甲不喜欢燥木或湿木白蚁（木白蚁亚科和胄白蚁亚科）。在我国台湾，中华穿山甲的栖息地中有 90 多种蚂蚁。

南非穿山甲的食谱主要由蚂蚁和白蚁组成，但对于蚂蚁和白蚁的种类选择很挑剔，吃蚂蚁的时候比较多。在不同地区，研究人员记录到的被捕食蚁类不同，说明南非穿山甲的食谱组成存在地理上的差异。南非穿山甲的食物主要是捷蚁、弓背蚁、脊红蚁、多刺蚁和番椒草白蚁。捷蚁是南非穿山甲最常吃的一种蚂蚁，它可能是南非地区南非穿山甲最重要的猎物。

南非穿山甲在夏季主要捕食捷蚁、脊红蚁和多刺蚁；在冬季主要捕食捷蚁、弓背蚁和番椒草白蚁。在夏季时，南非穿山甲偶尔捕食蚁卵、昆虫幼虫和蛹。冬季时很少捕食，目前还没有观察到南非穿山甲在冬季捕食蚁卵、昆虫幼虫和蛹的情况。南非穿山甲主要捕食个体大的蚁类，它的主要猎物体长都大于 0.5 厘米。穿山甲为什么几乎不选择体长小于 0.5 厘米的蚂蚁或白蚁呢？也许穿山甲觉得捕食个体小的蚁类投入大回报小，这样不划算吧。总之，穿山甲希望选择蚁巢离地面近、群体密度高、个体大的猎物。别看它长得“呆萌”，其实也是很聪明的哟。

也正是因为它们的食性特殊，所以穿山甲的环境适应能力较差，不容易进行人工养殖，救护难度较大。研究人员检测了穿山甲喜欢的食物——白蚁的主要成分，发现穿山甲偏好高热量、高脂肪和高蛋白的食物，并据此研

我的舌头可是很长的

妈妈的背上真安全

发了配合饲料。目前经过一定的驯化后，穿山甲能够取食人工配合饲料了。

穿山甲在漫长的进化过程中形成了专吃蚁类的独特口味，这种现象被称为食性特化。科学家对于这种特化的食性进行了一系列的研究，例如，明明属于食肉动物的大熊猫为何却演变成主要吃竹子的素食动物？大熊猫的基因组里并没有发现具有消化纤维素和半纤维素等的消化酶基因（不同食性的动物体内往往存在不同的消化酶来适应不同食物的消化），也就是说它自身可能是没有消化竹子中纤维素和半纤维素的能力的。大熊猫之所以能消化竹子，是因为肠道里有能帮助消化纤维素、半纤维素的微生物。那么穿山甲是不是也是这样呢？它自身有没有消化白蚁或蚂蚁的能力呢？目前对于穿山甲的食蚁性机制还不是很清楚，只有一些初步的研究。通过研究，发现穿山甲自身确实具有消化利用蚂蚁或白蚁的能力。

# 第五节　穿山甲有哪些行为和习性

穿山甲是昼伏夜出的动物，它们主要在晚上活动（长尾穿山甲除外）。

不同种类的穿山甲的生活方式不尽相同，主要有地面型穴居（中华穿山甲、南非穿山甲、大穿山甲）、半树栖（树穿山甲、马来穿山甲、菲律宾穿山甲、印度穿山甲）和树栖（长尾穿山甲）几种。这些奇特的生灵喜欢在洞穴、树洞和其他自然结构（如石缝）中居住。大体上，尾巴的长短可以作为穿山甲习性的一个指标，尾长与体长比大的穿山甲，更倾向于树栖；反之则倾向于地栖。亚洲的穿山甲中，中华穿山甲会爬树，但更喜欢在地面上待着；马来穿山甲更喜欢在树上待着；菲律宾穿山甲也倾向于树栖；而印度穿山甲体长可达 1 米，体形偏胖，尽管尾巴比中华穿山甲还长一点，但成年后不会爬树。非洲的 4 种穿山甲中，大穿山甲和南非穿山甲几乎不上树，而树穿山甲和长尾穿山甲在树上活动的时间很多，尤其是长尾穿山甲，基本不下地。

### （1）爱挖洞的穿山甲

除长尾穿山甲以外的其他穿山甲都喜欢挖洞。它们可不是随便挖两下就行了的，穿山甲对家的条件是有要求的，它们的洞穴可分为居住洞穴和觅食洞穴。居住洞穴，顾名思义就是穿山甲休息居住的洞穴。这种洞穴通常位于温暖干燥的地方，朝向太阳并且接近山顶，非常隐蔽。觅食洞穴是穿山甲为了进食而挖掘的，相对而言没有那么多讲究，只要地下有蚁巢，

这是我居住的洞穴

这是我觅食的洞穴

土质足够柔软，穿山甲都会挖掘觅食洞穴。

穿山甲挖洞本领很强，它们的前肢像挖掘机一样，能很快地将土挖开。穿山甲的前肢有五指，中指粗长，挖洞时，前肢抬起并将前爪向前下方插入进行挖土作业。挖下的土积累到一定程度后，穿山甲将长尾插入土中，支撑固定身体，然后，前爪向后扒土，扒至下腹部；后爪接着向后扒土，一段一段地将土扒至洞外。穿山甲的鳞片不仅是挖洞扒土的有效工具，而且还具有重要的防护作用。

穿山甲可以在壤土、黏土和沙质土壤中掘洞，可是它们挖不开山石。通过挖洞，穿山甲可能会影响土壤的结构与理化性质，包括有机物的周转率、通风和矿化率等。它们还可以作为生物扰动器（挖土），促进土壤的分层和混合，为土壤气体和渗透水创造优先的流动路径。洞穴的结构，如深度、长度、复杂性等，因穿山甲种类和挖掘季节的不同而不同。洞穴对穿山甲来说十分重要，可以说“无洞不能度日”。穿山甲一天的大部分时间都是在洞中度过的，它们利用洞穴休息、隐藏、生宝宝、躲避极端天气和敌害。

穿山甲的洞穴也对其栖息地周围的其他生物起着很重要的生态作用。在野外调查过程中，经常可以发现一些动物利用穿山甲洞穴的情况。例如，野猪、橙头地鸫、白鹇常在其洞穴新泥上觅食；鼬獾钻入洞穴中排便，并在洞口交配；鼠、斑林狸、黑背燕尾、红嘴相思鸟、灰胸竹鸡等其他动物也是利用穿山甲洞穴的常见物种。洞穴是森林中的稀缺资源，为动物提供了庇护所、遮阴地和寻找食物的场所。穿山甲作为“生态系统工程师”，

草丛里或许有我爱吃的东西

挖洞而居，在改造生存环境的同时也无形中帮助了其他生物。

尽管穿山甲是哺乳动物，但穿山甲的体温调节能力很差。洞穴作为穿山甲的庇护所，为它们提供了稳定的温度环境：与洞外温度相比，洞内温度较为稳定，受洞外温度变化影响不明显。这是因为土壤具有保温隔热的作用及对洞内外温度的传导具有缓冲作用。穿山甲的洞穴温度主要通过热

我是披着铠甲的精灵

传递形式进行调节，即当洞内温度高于洞外温度时，洞内的热量就会通过土壤和洞穴中的空气散发到洞外；反之，则从洞外获得热能以升高洞内的温度。穿山甲的洞穴能起到很好的保温作用，能够很好地阻止洞内外空气对流，维持温度恒定。穿山甲洞穴只有一个洞口，而且洞口一般都比较小，仅仅能使自己通过；多数洞穴的洞道，在洞口处向下倾斜，一段距离后就会向坡体左侧或右侧呈水平或向上方向伸展，这样弯曲的洞道可以减少空气的对流。穿山甲的居住洞穴一般在植物茂密的地方。洞口多数隐藏在灌草丛中，这样能有效地减少洞口附近的空气流动；穿山甲很聪明，在洞内居住时，通常用泥土将洞口封闭，仅留一个很小的缝隙，也能起到阻止洞内外空气对流的作用。

穿山甲平时独居于洞穴之中，只有繁殖期才成对生活。洞穴的结构也很有讲究，常常随着季节和食物的变化而不同，一般有两种主要形式：一种是夏天住的，叫作夏洞，建在通风凉爽、地势较高的山坡上，以免雨水进入；洞内隧道较短，大约为 30 厘米，里面结构比较简单。另一种是冬天住的，叫作冬洞，在背风向阳、地势较低的地方；洞内结构比较复杂，隧道弯弯曲曲，形似葫芦，每隔一段距离还有一道用土堆起的土墙，长度有 10 余米；还有两三个白蚁的巢，是其冬季的“粮仓”；洞的尽头有一个较为宽敞的“大厅”，里面铺垫着细软的杂草，用以保暖，是其越冬期的“卧室”，也用作“育婴室”。

### （2）“上天入地”的穿山甲

8 种穿山甲都能游泳，攀爬能力优秀。游泳时，四肢并用，姿势接近狗刨式，时不时摆动尾巴向前，能够游过几十米宽的河流。

我可是很会爬树的

穿山甲也很擅长爬树，它们攀爬时四肢紧紧抓住树枝或树干，前后肢成对移动，尾巴用于缠绕，可以承受很大的重量。腹部和尾部边缘的鳞片在穿山甲的控制下也能紧紧抓住树枝，增加贴附摩擦力。向上攀爬时，它会利用四肢锐利的爪钩住树枝或树干，再用尾巴缠绕，动作很快。在向下爬时，它会利用尾巴末端钩住树枝或树干，头部向下寻找往下爬的位置。有时也能向下倒退。倒退时，除去用利爪钩住树皮外，同时也会张开宽长的尾巴上的鳞片卡住树枝或树干，身体慢慢下滑。

长尾穿山甲作为唯一的树栖穿山甲，攀爬能力更是十分突出，尾巴长度能超过体长的 60%，是名副其实的长尾穿山甲。攀爬时四肢并用，长尾则充当第五肢（悬挂或者支撑穿山甲）。它很少下地，除非是要穿过一段没有树木的环境。长尾穿山甲主要捕食树栖蚁类，捕食方法和其他穿山甲相似。其他几种半树栖穿山甲中，树穿山甲在树上活动的时间最长，行为与长尾穿山甲最相似。当雨季来临时，树穿山甲在地上活动的时间较多，因为土质变软，地栖蚁类活动增多，在地上活动捕食更加方便，收获更加丰盛。

### （3）遇到危险时的穿山甲

穿山甲白天睡觉，晚上出来活动，遇到危险的时候就会蜷缩成一个球，用它硬硬的鳞片把自己包裹起来，令猛兽难以咬碎或下咽。当狮子等大型食肉动物试图去咬缩成一团的穿山甲时，穿山甲还会利用肌肉让鳞片进行切割运动，割破敌人的嘴巴，让试图吃掉穿山甲的动物尝到自己的厉害。这时它可能还会发出嘶嘶的声音，并从肛腺分泌特殊气味来威慑捕食者。除了蜷缩成球状以静制动外，穿山甲还会灵活利用地形，或上树、钻洞，或爬进茂密的灌丛中，如果旁边有陡坡，穿山甲会缩成球状滚下陡坡，扬长而去。

### （4）寻找食物的穿山甲

在寻找食物时，穿山甲的行走速度很缓慢，并周期性地停止以进行搜寻，用鼻子去闻空气中或地面上的味道来定位猎物。觅食时主要是寻找蚂蚁或白蚁的巢穴，但也在落叶和烂木下寻找其他昆虫。

南非穿山甲的觅食行为很丰富，共分为 9 类：取食、挖掘、搜寻、行走、行走搜寻、暂停、隐藏、卧休和其他行为。研究人员曾记录到一只夜间行动的穿山甲用 42% 的时间行走，14% 的时间搜寻，10% 的时间行走搜寻，12% 的时间取食，5% 的时间挖掘，10% 的时间卧休，7% 的时间暂停、隐藏和其他行为。

南非穿山甲大部分活动时间用于寻找蚂蚁和白蚁，只有 15.7% 的时间花在取食上，平均每次取食时间仅持续 40 秒，一般不超过 1 分钟。南非穿山甲不捕食地面上活动的蚁类，在记录到的 4672 次的取食行为中，有 99% 是为了取食地表下蚁道内的蚂蚁和白蚁；挖掘深度约为 4 厘米，比中华穿山甲的挖掘深度（一般 1 米以上）浅。这可能是因为南非穿山甲的挖掘能力有限，它的前肢和爪子不像中华穿山甲那般强壮；也可能是因为南非地区温度比我国南方地区高，多数蚂蚁和白蚁通常在近地表处的蚁道内活动，较浅的挖掘便可获得猎物。

穿山甲善于用鼻子闻味道寻找蚁穴。找到蚁穴后，穿山甲用前肢不停地刨；用后肢来支撑身体和帮助前肢刨土，将掘出的泥土推到身后；用尾巴充当第五肢，作为一个发力点起到辅助作用；用强健的前爪掘开蚁洞，将小脑袋伸入洞里，再用长舌舔食美味的蚂蚁或白蚁。穿山甲的舌头细长，能伸缩，带有黏性唾液，特别适合捕食蚁类。

穿山甲在“吃饭”的时候，如果蚂蚁爬到穿山甲身上，它会张开鳞片使其进入甲片缝隙中，然后闭合甲片。进食结束后，穿山甲会爬入水中，重新张开它的鳞片，抖落蚂蚁。这时，漂浮在水面的蚂蚁无法反抗，只能成为穿山甲的“餐后甜点”。当进入蚁巢或白蚁窝需要挖一个大洞时，这个觅食洞随后可能被用作暂时的居住洞。若蚁巢中蚁群较大，一次吃不完，穿山甲会退出蚁巢并封闭洞口，下次再来继续享用它的美味。

### （5）爱清洁的穿山甲

穿山甲非常爱清洁，进食之后如果想要排便，它们会先在洞口外边1～2米的地方挖一个5～10厘米深的“厕所”，将粪便排入“厕所”以后，再用松土覆盖。在圈养的情况下，它们通常会在围栏的角落或墙脚处排便。

穿山甲喜欢在泥地中洗澡（打滚），一是为了打磨鳞片，二是为了清洗寄生虫（野生穿山甲身上往往都会携带寄生虫）。在夏季，雨水天气较多，白天雨量充足时，土路、山脚、沟旁会出现水坑，穿山甲夜间觅食后，便会主动到这些泥坑中洗澡，直到体表覆盖上一层泥浆，才心满意足地回到居住洞。因此，如果第二天凌晨进山，便能够看到洗过泥澡的穿山甲爬行过后留下的痕迹，包括柔软的泥土中的脚印和枯枝落叶上残存的土迹。中华穿山甲的爪子很大，在行走时前肢爪背着地，留下三个压痕；后肢则是爪尖先着地，脚后跟通常不着地。穿山甲在陡峭的密林中能够从容行走，擅长钻过藤萝和杂草，短时间内形成一个椭圆的通道。

随着行走距离的增加，穿山甲腹部、尾部、前后肢所携带的泥土逐渐掉落，因此很难找到它的踪迹。但仍会留有蛛丝马迹，若被经验丰富的猎人盯上，还是会被追踪到。不过穿山甲自有一套行走秘诀来抹去自己的踪

咦，闻到了美食的味道

迹：穿山甲嗅觉发达，视觉较弱，行走时往往只有一个大概的方向，四处试探，仿佛无头苍蝇一般，偶尔走错了方向，还会掉头重来，因此穿山甲的足迹通常显得十分凌乱，没有规律，甚至会突然消失。绝大部分的猎人在追踪一段距离后，就会跟丢。

那为什么穿山甲在过去几十年时间里会因为被过度抓捕而濒临灭绝呢？一个重要的原因是穿山甲有返回洞穴的习惯。挖洞是一件极为耗费能量的工作，虽然穿山甲主要依靠挖洞捕食，但在自然环境中它们在一定程度上会重复利用旧洞（例如，蚁群较大，一顿不能吃完的情况；把草拖进洞穴，使其滋生蚂蚁的情况）。大部分的洞穴经过一段时间后，就会被穿山甲再次“登门拜访”。猎人利用穿山甲的这一生物学特性，在洞穴入口处布下兽夹，一般只要布下的兽夹足够多，总能够捕到穿山甲。即使不是专业的猎人，只要对穿山甲有了基本的了解，学会布置兽夹，就能够对穿山甲造成威胁。如果经验更加丰富些，能够找到穿山甲的居住洞，捕捉到穿山甲的概率就更大了。售卖穿山甲的利润极高，总有一些人为了牟利，以身试法，非法进行捕捉，使得穿山甲的生存越发艰难。

### （6）穿山甲的社交

穿山甲似乎很孤僻，除了生宝宝以及抚育宝宝时，它们基本独来独往。它们的视力不好，基本依靠气味进行社会交往，通过发达的嗅觉系统寻找食物和配偶。

为了划分领地、宣示主权，雄性穿山甲会在领地边界喷洒尿液和排泄粪便，其肛腺也会分泌腺液来达到标记的目的。在野外追踪穿山甲的过程中，我们发现穿山甲会挖掘一些浅洞（5 ~ 15 厘米），这种情况在其发情期更加常见，因此推测穿山甲所挖掘的浅洞可能并非是为了寻找食物，而是另一种标记行为：向异性展示自己的性别、健康状况、求偶目的等。由于穿山甲的性成熟年龄在体成熟之前，所以刚刚独立第一年的穿山甲（还属于亚成体）也存在发情行为，雌性会接受雄性穿山甲的求欢；雄性亚成体也会主动追求雌性穿山甲，因此在自然环境中常发现只有 1 ~ 1.5 千克的雌性穿山甲已经怀孕，但是目前对于野生亚成体雄性的发情行为知晓并不多。

在人工饲养环境中，雄性和雌性穿山甲都会在各自的领地上做标记，但这种行为在雄性身上更为常见。这可能与雄性穿山甲家域面积较大和一夫多妻的社会体制有关。通过长时间的观察，发现穿山甲在选择配偶时，体型是一个不可忽略的影响因素，如果雄性的体形过大，雌性穿山甲甚至存在生命危险；反之，若雌性的体形过大，雄性穿山甲可能不敢主动求欢，也会导致求偶失败。

看我厉害吧

# 第二章　穿山甲的起源和家族关系如何

## 第一节　穿山甲起源于哪里

现存的 8 种穿山甲分布在亚洲和非洲的热带地区，然而历史上穿山甲的地理分布发生过重大的变迁。最古老的穿山甲化石记录出现在欧洲的德国梅塞尔化石群。这个穿山甲的属名被定为 Eomanis，时间可追溯到始新世中期（古生物学家把地球的历史划分成不同等级的地质年代。最高一级被称为“宙”，包括显生宙和隐生宙。宙之下又分代，包括太古代、元古代、古生代、中生代和新生代。代之下是纪，比如著名的寒武纪和侏罗纪。纪之下就是世了）。中欧还有几个穿山甲化石物种的年代大约是渐新世—中新世。人们在北美西部也找到了穿山甲化石，这是唯一位于西半球的穿山甲化石物种，化石时

间为始新世晚期。亚洲穿山甲的化石出现在始新世晚期的我国内蒙古自治区境内。近一点的还有上新世—更新世的欧洲、非洲、南亚的穿山甲化石记录。因此，根据化石时间推测，穿山甲的起源地可能在欧洲，北美、非洲和亚洲的穿山甲是由欧洲迁入的。穿山甲迁移的重要原因可能是新第三纪和更新世的时候北方大陆气温剧烈下降，穿山甲的食物——昆虫都死了，它们没有东西吃了，不得不进行迁移。

那么穿山甲到底起源于哪里呢？其实科学界对此曾经有欧洲起源和非洲起源两种说法。关于穿山甲起源于非洲的说法，其证据是有一对穿山甲爪子的趾骨化石是在非洲的埃及发现的，时间可追溯至渐新世早期；而且非洲起源的说法与现存穿山甲的分布情况是一致的。但问题是，现在发现的最古老的没有争议的穿山甲化石来自中欧，并且所有现在人们已知的、

这个洞里有什么呢？

保存完好的新生代早期的穿山甲化石都来自劳亚大陆（劳亚大陆是地质史的古陆之一，存在于侏罗纪到白垩纪，包含今天的欧亚大陆和北美大陆）。现代科学家将穿山甲化石物种和现存穿山甲的形态数据放在一起进行系统分析，发现穿山甲确实是起源于劳亚大陆的，并且很可能就是起源于欧洲的，随后穿山甲扩散到撒哈拉以南的非洲，然后到了南亚地区。所以，现在比较多的学者认为穿山甲是起源于欧洲的，这种学说也与现代分子生物学的研究结果一致，即穿山甲科的进化位置在劳亚兽总目里面。但是，我们仍然需要更多、更完善的穿山甲化石记录，来加深我们对穿山甲家族的起源和它们的迁移历史的了解。

## 第二节　穿山甲的家族中谁和谁更亲

穿山甲家族中现存的有 8 个物种，这 8 种穿山甲之间的亲缘关系怎么样呢？穿山甲不会跟我们人类对话，那么我们怎样了解它们的亲缘关系呢？目前研究人员使用的研究方法可以分为形态分析方法和基因分析方法。形态分析方法是将穿山甲的各种形态数据通过数学模型进行分析，进而得出它们的亲缘关系的一种方法。基因分析方法是基于物种的部分基因序列或者整个基因组的序列来进行分析的一种方法。

无论国内还是国外，人们对穿山甲的亲缘关系研究较少。这很大程度上是受到实验材料来源的限制，毕竟世界上的穿山甲数量已经很少了，政府把它们列入了保护动物名单里，严格管控。当前，穿山甲在我国的野外

我很会挖洞哦

几乎绝迹，这样我们就难以找到适合研究的穿山甲种群。

由于穿山甲没有牙齿，早期人们认为穿山甲属于贫齿总目，后来根据化石资料研究发现，穿山甲与贫齿类动物的关系是平行的，它们共同起源于古食虫类动物。现代分子生物学通过基因序列的研究发现，穿山甲属于劳亚兽总目。你别看穿山甲在外形和食性上与犰狳、食蚁兽相似，其实穿山甲和它们的亲缘关系很远。犰狳和食蚁兽属于贫齿目，穿山甲所在的劳亚兽总目与贫齿总目是平行的，与食肉目是姐妹群，所以穿山甲与犰狳、食蚁兽的亲缘关系比穿山甲与食肉目的狮子、狼等猛兽的亲缘关系还要远。穿山甲与犰狳和食蚁兽的相似性可能是趋同演化的结果。

那么，穿山甲家族内 8 个物种的亲缘关系如何呢？现代分子生物学的研究结果都显示 8 种穿山甲明显分成了亚洲和非洲两个分支。其中亚洲分支包括了中华穿山甲、印度穿山甲、马来穿山甲和菲律宾穿山甲，也就是说这 4 种亚洲的穿山甲之间是比较亲的，它们与非洲的穿山甲亲缘关系远一些。非洲的穿山甲中，树穿山甲和长尾穿山甲之间的亲缘关系最近，它们俩聚为一支；而南非穿山甲和大穿山甲更亲，它们俩形成一个分支。但是，亚洲分支的穿山甲和非洲的两个分支之间的亲缘关系谁更近呢？这方面不同研究人员得出的研究结论不一样，还没有形成统一的结论。传统观念认为所有穿山甲的亲缘关系都很近，它们共同形成一个分支，因此认为穿山甲只有一个属，即穿山甲属。现代的一些形态学和分子生物学的研究则发现这三个分支是独立的分支，应该分成独立的三个属：亚洲穿山甲属、大非洲穿山甲属和小非洲穿山甲属，或者亚洲地栖穿山甲、非洲地栖穿山甲和非洲树栖穿山甲。另外，还有一些研究人员将穿山甲分为6个属或者分为亚洲和非洲2个属。总之，对于8种穿山甲在属的水平上的分类和亲

这个蚁巢可真大

下雨了，可以洗个澡

缘关系的讨论上还存在一些不同的意见。

穿山甲是什么时候分成了亚洲和非洲两个分支的呢？这就涉及分化时间的计算，在研究中，一般可以利用已知的化石显示的年代作为标尺，根据物种之间的进化关系来推算每个分支的分化时间。一项利用线粒体基因组和核基因的联合序列进行的研究显示，亚洲穿山甲和非洲穿山甲两大类群的分化时间大约在不晚于 2300 万年前的渐新世—中新世分界线，亚洲穿山甲属、大非洲穿山甲属和小非洲穿山甲属三个属的穿山甲的分化时间在中新世的中上期，也就是 980 万 ~ 1330 万年前。但是，现存的穿山甲化石记录存在一个缺口，还没有早于 500 万年前（上新世—更新世）的非洲或亚洲类群的化石记录，需要有更多化石记录和可靠的进化关系才能推算出每个分支之间更准确地分化时间。

即使是同一种穿山甲，在不同地区的群体也会存在一些遗传分化，使得不同地区的穿山甲之间亲缘关系不一样。穿山甲的种群结构历史研究发现，马来穿山甲和中华穿山甲两个物种都存在着显著遗传分化的两个群体。结合已经明确知道地理来源的穿山甲的遗传数据，研究人员推断，在走私罚没的穿山甲中，马来穿山甲的两个群体分别来自缅甸、东南亚岛屿（除了爪哇岛）和我国的云南，而中华穿山甲的两个群体分别主要来自中国南部和缅甸。由于这些穿山甲种群的亲缘关系已经出现了分化，人们提出应该把这些穿山甲种群作为进化上独立的单元进行保护，而不应混在一起。

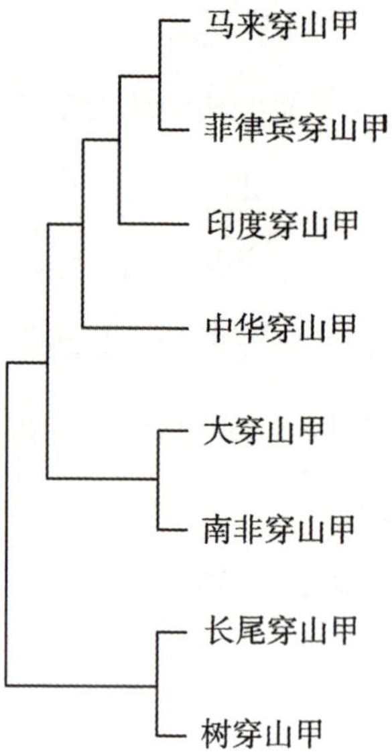


穿山甲进化关系模式图 1

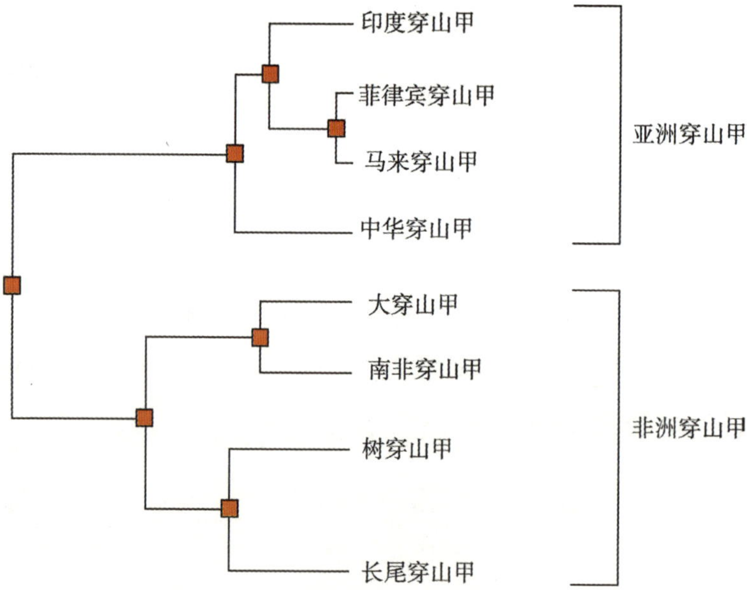


穿山甲进化关系模式图 2

# 第三章　穿山甲是怎么繁殖后代的

繁殖是生命基本现象之一，是生物传宗接代的主要方式，可以看作是生命的一种延续，可以分为无性繁殖和有性繁殖。例如，细菌通过细胞分裂产生后代，很多植物可以通过扦插产生后代，这些就属于无性繁殖；而穿山甲、狮子、老虎等高等动物通过两个雌雄异体的动物交配而产生后代，就属于有性繁殖的方式。动物的繁殖包括识别、占有空间、求偶、交配、怀孕、对后代的哺育等一系列的复杂行为。

今天外出会有收获吗?

对于野生穿山甲的繁殖行为，历来鲜为人知，主要是因为穿山甲总是白天睡觉晚上出门、居住在洞里或者树上、习惯隐蔽等天性，使得人们难以直接观察到它们的繁殖行为。近年来，随着无线电遥测技术的进步、红外相机观测的普及和圈养穿山甲行为的兴起，人们才有机会近距离接触到这一神秘物种，对部分穿山甲的繁殖习性有了初步的了解。

目前人们对中华穿山甲的繁殖研究较多，发现它们有较为确定的繁殖季节，交配发生在春季和夏季（2 ~ 7 月），怀孕的穿山甲妈妈在秋季或早春生产宝宝（9 ~次年 2 月）。中华穿山甲的繁殖季节也会因个体的不同情况发生变化，例如，在我国台湾东部曾记录到雄性中华穿山甲在 12 月到第二年 5 月期间出现在雌性穿山甲居住的洞穴里，停留时间为 2 分钟到 24 小时。同样具有繁殖季节的还有大穿山甲，它的繁殖季大概在 9 ~ 12 月。菲律宾穿山甲的繁殖研究较少，推测它的繁殖也是具有季节性的。

我的鳞片间还有毛发哦

印度穿山甲、马来穿山甲和树穿山甲则基本上没有出现明显的繁殖季节。在巴基斯坦的波特瓦尔高原地区，印度穿山甲每年繁殖一次，交配发生在7～10月之间，在1月、4月和12月都有人观察到马来穿山甲幼崽出现。在印度的德干高原，印度穿山甲幼崽出生在1～3月之间。在印度南部，7月也有印度穿山甲产崽的记录。除了5月和6月，全年其他月份都有人观察到育龄圈养的印度穿山甲的繁殖行为。马来穿山甲理论上全年都可以繁殖，但在北部地区，冬天太冷，蚂蚁活动减少，马来穿山甲的繁殖就可能是季节性的。在人工饲养的条件下，处于发情期的马来穿山甲之间还会发生多次交配。树穿山甲也是全年可进行繁殖，估计平均发情周期为9天（范围：3～29天）。

南非穿山甲的繁殖季节不清楚，它每年只生产一胎，也可能每两年才生一胎。

穿山甲平常习惯独来独往，只有在发情期，雌性穿山甲才会和雄性穿山甲生活在一起。通常，雄性穿山甲通过嗅觉跟踪尿液和腺状体散发的气味来定位发情的雌性穿山甲的位置。如果有多只雄性穿山甲相遇时，它们之间会发生激烈争斗，直到分出胜负，其中获胜的一方和雌性穿山甲在一起，失败的一方则会离开该地区。

当雄性穿山甲到发情期时，会表现出求偶行为，如主动追随、接近雌性穿山甲，与雌性穿山甲同步活动，嗅闻雌性穿山甲的身体，主动用鼻吻或前肢去轻轻碰触雌性的身体，做出亲昵的动作等。当雌性穿山甲收到这些信号时，如果它不喜欢这个雄性穿山甲，便会选择逃离或蜷缩身体；如果喜欢这个雄性穿山甲，就会静止不动，或主动嗅闻、亲昵这个雄性穿山甲，刺激它爬跨，完成交配行为。在这一过程中，树穿山甲的雄性对雌性甚至会表现出攻击性，包括胸对胸站立，直至雌性屈服。对圈养的马来穿山甲的观察表明，雌性马来穿山甲还会向雄性穿山甲主动发出邀请，表现出追随并亲昵雄性穿山甲、嗅闻雄性穿山甲、反爬跨等行为。野外观察到南非穿山甲的雌性还会把雄性带回家里，停留 1 ～ 2 天。

中华穿山甲的孕期为 6 ～ 7 个月（180 ～ 225 天），也有一些报告显示它的孕期可能长达8个月，甚至长达372天，这可能是延迟着床的结果（受精卵很晚才进入雌性穿山甲的子宫中）；印度穿山甲的孕期为 165 ～ 251 天；马来穿山甲的孕期为 168 ～ 188 天（约 6 个月）；长尾穿山甲的孕期约为 140 天；树穿山甲的孕期为 140 ～ 150 天，与长尾穿山甲类似；南非穿山甲的孕期为 105 ～ 140 天。

在怀孕期间，雌性穿山甲体重渐渐变重，乳腺肿胀。穿山甲怀孕一次通常只产一个宝宝，很少有双胞胎，印度穿山甲和马来穿山甲曾有生育双胞胎的报道。

虽然很少有生双胞胎的穿山甲，但是，雌性穿山甲在哺育宝宝时就能继续怀孕。据报道，有人曾在获救的哺乳期雌性中华穿山甲的子宫中发现了还没出生的穿山甲胚胎；在我国台湾，一只雄性中华穿山甲与一只雌性交配，而雌性当时正在哺育一只 4 个月大的宝宝；有研究人员在一个洞穴中观察到四只中华穿山甲，包括一只雄性和一只雌性，以及两只体重分别为 1500 克和 250 克的幼崽，这说明中华穿山甲可能一年可以繁殖两胎。树穿山甲在产下宝宝后 9 ～ 16 天，就会再次交配，有的树穿山甲妈妈几乎在整个哺育宝宝的期间都处于再次怀孕状态。

穿山甲妈妈生宝宝是在洞穴中进行的。穿山甲幼崽出生时头部、四肢、爪子和尾巴都发育良好。刚出生的穿山甲，鳞片很柔软，呈灰色或略带紫色的棕色，底部颜色较深，随着长大会逐渐变硬（例如，印度穿山甲出生 18 个月后鳞片可以达到成年的硬度）。刚出生的大穿山甲宝宝的鳞片则是粉红色的，鳞片之间的白色刚毛清晰可见。刚出生的树穿山甲宝宝皮肤呈粉红色，除眼睛周围的一圈外没有毛发，出生三周后其余毛发开始生长。穿山甲宝宝的爪子向内卷曲，包裹在柔软的胶状膜中，胶状膜干燥后脱落。胶状膜有助于防止新生小宝宝的爪子抓破穿山甲妈妈的子宫和阴道。穿山甲宝宝刚出生时双眼就已经睁开了，运动协调性也很好。在人工饲养的马来穿山甲中，穿山甲妈妈在临近生宝宝时可能会出现焦虑的情况。穿山甲妈妈生宝宝的时间要持续 145 ～ 270 分钟。

我是穿山甲宝宝

刚出生的穿山甲宝宝有多大呢？中华穿山甲幼崽的体重为 80 ～ 180 克，体长为 18.5 ～ 26.5 厘米。马来穿山甲幼崽的体重为 110 ～ 140 克。印度穿山甲的宝宝比中华穿山甲的大一点，出生时体重为 200 ～ 400 克，体长 30 ～ 45 厘米。长尾穿山甲的新生幼崽出生在树洞里，体重 100 ～ 150 克，体长 30 ～ 35 厘米。树穿山甲的宝宝出生时体重约 100 克，身长约 29 厘米。大穿山甲的宝宝最大，刚出生时体长和体重分别能达到 45 厘米和 500 克。南非穿山甲的新生儿出生时体长约 15 厘米，体重约 340 克。

和人类一样，生下宝宝后，穿山甲妈妈会一直和它的宝宝待在一起，精心抚育，直到宝宝长大可以离开妈妈自己去闯荡。8 种穿山甲的育幼行为表现十分相似。宝宝刚出生那段时间，穿山甲妈妈会蜷缩在宝宝周围睡觉、休息，穿山甲宝宝饿了会主动寻找妈妈的乳头来吮吸奶水。白天，除了给宝宝喂奶，其余时间穿山甲妈妈都会将宝宝紧紧地护在怀里，通常只露出宝宝的头部，生怕它受到伤害。在宝宝出生的第一个月内，由于它的个头较小，人们一般很难发现它的存在。穿山甲宝宝在妈妈怀中时，习惯背对着妈妈，或将自己腹部与妈妈腹部相对，也蜷缩成一个球。饥饿时，它会在妈妈怀中活动，这时妈妈似乎知道宝宝的意图，慢慢将蜷缩的身体放松，为幼崽留出活动的空间，随后穿山甲宝宝慢慢调整自己的姿势和位置，寻找妈妈的乳头，开始吮吸乳汁。在晚上，穿山甲妈妈可能会离开一小段时间，以便寻找猎物或者排便。穿山甲妈妈的外出时间很短，一般只有 5 ~ 10 分钟，或许它心中不放心小宝宝自己在家。在哺乳时，穿山甲妈妈会略微放松身体，一旦感受到了危险，又会立刻缩成球形用坚硬的鳞甲将幼崽紧紧地保护起来。南非穿山甲的妈妈为了宝宝的安全，还会将宝宝转移到另一个洞穴中。在人工饲养条件下，每当饲养员靠近时，穿山甲妈妈就显得特别紧张，将小宝贝紧紧卷入怀中，并从鼻腔发出浓重的“啡啡噼”声，拒绝人们接触自己的孩子。

蜷缩起来就安全啦

穿山甲宝宝在刚出生后的前几周会被穿山甲妈妈留在巢穴里。随着宝宝的长大，穿山甲妈妈会带着宝宝一起外出。走动或者捕猎时，穿山甲宝宝就趴在妈妈的尾巴上，有时横着，有时仰卧，非常可爱。刚出生一天的大穿山甲宝宝就能爬上妈妈的尾巴了。新出生的大穿山甲宝宝的尾巴有很强的抓握能力，能够在哺乳时悬挂在母亲身上。在妈妈的精心照顾下，穿山甲宝宝每周能长 1.2 厘米左右。

当穿山甲宝宝长到五六个月大的时候，穿山甲妈妈就会给它断奶，这时幼崽的体重为 2 ~ 3 千克。对中华穿山甲和马来穿山甲的人工圈养观察表明，穿山甲的断奶行为是一个持续的过程：随着小穿山甲的长大，宝宝骑在妈妈尾背部活动的次数逐渐减少，跟随妈妈自由活动的次数增加。我们曾经观察到，出生 25 天的一只小穿山甲由妈妈带出窝巢，在圈舍自由活动 3 分钟后，自己回到窝巢；另外两只小穿山甲在出生 53 天和 79 天时会主动喝水。小穿山甲生长到一定程度时，母亲会躲避或拒绝小穿山甲的骑跨，它会用前爪阻挠小穿山甲，或者快速离开。晚上在穿山甲妈妈进食时，偶尔能观察到小穿山甲也来到食盆前试探食物。随着对人工食物的适应，小穿山甲采食量逐渐增加，当采食量达到正常的个体采食量时就完全断奶了。

随着日益长大，穿山甲宝宝慢慢地学着独立寻找食物、独立生活。8 种穿山甲独立生活的时间也是大致相似的。中华穿山甲宝宝出生 11 周后开始独立地离开洞穴，表现出挖掘和舔食的行为；15 周后，小宝宝在外探索的时间和距离显著增加；在 4 个月左右，小宝宝就开始独立寻找食物了；通常在 1 ~ 1.5 岁时达到性成熟，也就是长大变成成年的穿山甲，可以开始繁育后代了，但某些个体可能早在 6 个月大时就已经性成熟。人工饲养的马来穿山甲，2 ~ 3 个月大的幼崽就开始独立觅食。树穿山甲宝宝开始自己寻找食物的时间尚不太清楚。在人工饲养的环境中，一只树穿山甲宝宝在5周大时就开始以固体食物为主食了。印度穿山甲的宝宝在5～8个月大时开始独立生活，在3岁左右达到成年体型和性成熟。长尾穿山甲宝宝在妈妈生下另一个宝宝后开始独立生活，15个月左右体成熟，2岁左右达到性成熟。树穿山甲宝宝3～5个月大时（最多不超过6个月）开始独立生活（这可能与它的妈妈下一次生宝宝的时间一致），18个月左右达到体成熟。大穿山甲的宝宝通常要等到它的妈妈下一胎出生后才能独立生活。南非穿山甲的宝宝在3～6个月大时开始独立生活，但也有10～12个月大的宝宝仍骑在妈妈尾巴上并与妈妈共用洞穴的情况；在卡拉哈里沙漠，一只年轻的南非穿山甲从妈妈身边独立后，与它的爸爸共享一个洞穴长达一个月，接近2岁时达到性成熟。

外面的世界很美好

独立生活的少年穿山甲一般都会先在母亲家域范围内游荡几个月，最终确定自己稳定的家域范围。雄性南非穿山甲甚至要游荡几年，在6～7岁时才建立起家域范围。在野外的观察中往往可以发现一些随机

我小时候的爪子是向内弯曲的

分布的小而浅的洞穴，与成年穿山甲的挖掘选择习惯不符，这应该是小穿山甲的学习行为，因为即使地下没有蚁巢它也会进行尝试性地挖掘。待经验积累到一定程度，小穿山甲会逐渐走出母亲家域范围，寻找自己稳定的栖息地。在这个过程中，母亲也会主动驱赶小穿山甲，防止幼崽一直待在自己栖息地范围内，让它早日出去历练。

不同穿山甲的繁殖参数虽然存在差异，人工饲养的和野生的穿山甲的繁殖规律也可能会有所差别，但总体上说，穿山甲的繁殖行为十分相似。为了比较 8 种穿山甲的具体繁殖参数，编者整理了《8 种穿山甲的繁殖参数表》，方便大家加以了解。

草丛里有什么呢？

8 种穿山甲的繁殖参数表

| 物种名称 | 繁殖季 | 妊娠期 | 幼崽体重 | 幼崽体长 | 断奶年龄 | 性成熟年龄 | 独立觅食年龄 |
|---|---|---|---|---|---|---|---|
| 中华穿山甲 | 2~7 月 | 180~225 天 | 80~180 克 | 185~265 毫米 | 5~6 个月 | 1~1.5 岁 | 约 4 个月 |
| 印度穿山甲 | 全年 | 165~251 天 | 200~400 克 | 300~450 毫米 | 不明 | 约 3 岁 | 5~8 个月 |
| 马来穿山甲 | 全年 | 168~188 天 | 110~140 克 | 不明 | 3~4 个月 | 1~1.5 岁 | 2~3 个月 |
| 菲律宾穿山甲 | 推测为季节性 | 不明 | 不明 | 不明 | 不明 | 不明 | 不明 |
| 长尾穿山甲 | 不明 | 约 140 天 | 100~150 克 | 300~350 毫米 | 不明 | 约 15 个月 | 不明 |
| 树穿山甲 | 全年 | 140~150 天 | 约 100 克 | 约 290 毫米 | 不明 | 不明 | 3~5 个月 |
| 南非穿山甲 | 不明 | 105~140 天 | 约 340 克 | 约 150 毫米 | 不明 | 约 2 岁 | 3~6 个月 |
| 大穿山甲 | 9~12 月 | 不明 | 约 500 克 | 约 450 毫米 | 不明 | 不明 | 不明 |

# 第四章　密切接触穿山甲有哪些风险

我国野生动物资源十分丰富，陆栖脊椎动物有 2900 多种。广东省陆生脊椎野生动物就多达 928 种，约占全国的 31.8%。这些野生动物由于各自的生活习性不同，生存环境多样，所携带的病原体极其复杂，形成一个庞大的天然病原体库。许多人类和畜禽的疫病来源于野生动物，或者说野生动物是很多病原体的主要宿主和传播媒介。野生动物疫源疫病对全球的公共卫生安全构成严重的威胁。

穿山甲一直被人们认为有重要的药用价值，因而穿山甲走私屡禁不止，但是，它们也携带多种病原体，主要包括细菌、病毒、真菌、寄生虫等。

## 第一节　穿山甲携带哪些细菌

动物身上存在大量的微生物，包括细菌、真菌、病毒、寄生虫等。这些微生物存在于机体与外界联通的开放系统里，包括肠道、口腔、皮肤和泌尿生殖道等部位中。这些微生物的集合称为动物的微生物组，它们和动物的基因组共同决定动物的健康。人体内约有 50 万亿细胞，是不是很多？然而，人体中的微生物有 500 万亿以上。其中，细菌的数量最多。

现在，人们对动物身上的微生物了解最多的是肠道里的细菌，它们的物种组成和数量影响着动物的生理特点和健康状况。由于宿主不同的消化组织结构和消化生理特点，其肠道菌群中会出现不同的细菌。这其中，大部分的细菌在动物体内是正常栖息、没有害处的，甚至还能帮助动物消化食物。例如，袋鼠肠道菌群会分泌有特殊功能的糖类水解酶帮助消化，大熊猫的肠道中有能帮助消化竹子纤维素和半纤维素的细菌，食虫节尾猴肠道中有能够帮助消化昆虫外壳几丁质的菌。

动物携带的微生物既包括正常栖息的微生物，也包括致病微生物，或者对野生动物没有影响，但是却能对人类产生影响的微生物。野生动物身上的这些微生物如果进入人体内，一旦人体免疫系统低下，就会有感染疾病的风险。

对于穿山甲来说，目前仅对其肠道中的一些细菌以及病原性细菌有一些了解，对于口腔及其他部分的细菌还不了解。在一个穿山甲的肠道微生物研究中，研究人员共检测到了 1811 种细菌，优势菌为拟杆菌、厚壁菌和变形菌。此外，穿山甲肠道微生物中还存在特殊的菌种和功能基因帮助消化蚁类；还有一些可能属于条件致病菌，在正常情况下是无害的，在动物免疫功能低下时变成致病菌。

穿山甲易感染细菌引发腹泻和肺炎而死亡。研究人员在有腹泻症状的穿山甲肠道中发现了多种细菌，包括益生菌和致病菌等，其优势菌为乳球菌、乳杆菌、大肠杆菌－志贺菌、梭菌。其中，普罗维登斯菌属和摩氏摩根菌属为条件致病菌，可引起肠道感染。在疑似因出血性肺炎死亡的穿山甲的个体肠道和肺部中发现了拟杆菌属、梭菌属、芽孢杆菌属、链球菌属、乳杆菌属、类芽孢杆菌、普氏菌属、肠球菌属、假单胞菌属、毛螺旋菌、弧菌属、葡萄球菌属、支原体属、红孢子虫属、类香味菌属、大肠杆菌－志贺菌属、梭状杆菌属、螺原体属、脲原体属、棒状杆菌属、乳球菌属、变形杆菌属、摩氏摩根菌属等。假单胞菌属有 29 个菌种，其中至少 3 种具有对动物和人类致病的能力；葡萄球菌属为革兰氏阳性球菌，绝大多数为非致病菌，但由金黄色葡萄球菌引起的葡萄球菌病是一种人兽共患的急性或者慢性传染病，人一旦感染上就有可能发病；摩氏摩根菌属为一种人兽共患的致病菌，该菌不仅毒性强，而且耐药性较强，具有很强的环境适应性。有研究人员采用沙星类、头孢类、大环内酯类、万古霉素、链霉素、青霉素、丁胺卡那霉素、庆大霉素、磺胺类的抗生素进行治疗，但效果不明显，可见许多致病菌具有很强的耐药性。

虽然不能说穿山甲携带的这些细菌一定会对人类产生危害，但是它们身上携带的数量庞大的细菌是一个潜在的疾病风险。

## 第二节　穿山甲携带哪些病毒

穿山甲作为野生动物的一员，它的身上和其他野生动物一样携带了多种病毒。查获的走私穿山甲很多都难以救活，研究人员一般会对已死亡的穿山甲进行病理解剖，以了解它们的死亡原因。

据报道，研究人员在一批查获的走私马来穿山甲中检测到了 5 型副流感病毒，简称为 PIV5。PIV5 属于副粘病毒科轮状病毒属，是一种单链 RNA 病毒，可能引起多种动物呼吸道感染。

在广东截获的一批走私的马来穿山甲死亡后，研究人员在它们的身上检测到了冠状病毒，而且携带的冠状病毒不都是同一种，而是好几种。

在广东海关截获的马来穿山甲中还检测到了仙台病毒。仙台病毒是副粘病毒亚科副粘病毒属的一员，主要感染哺乳动物。穿山甲携带的仙台病毒与人分离的毒株有较近的关系，因此，穿山甲携带的病毒可能会在穿山甲和人之间进行传播。

此外，穿山甲还携带黄病毒。这类病毒通常通过吸血的节肢动物传播，如蚊子、蜱虫、白蛉等，会引起出血热和病毒性脑炎，严重威胁公共卫生安全。

随着取样范围的扩大和研究的深入，从穿山甲身上发现的病毒可能会越来越多，我们尚不清楚密切接触了这些携带病毒的穿山甲是否会将病毒传播到人身上产生感染，但毫无疑问一定会增加染病的风险。

我可以只用后脚站立

## 第三节　穿山甲携带哪些寄生虫

野外环境引入的穿山甲，身上基本带有寄生虫，通常年长的穿山甲携带的寄生虫数量和种类较多。寄生虫不仅能消耗动物的营养，而且能释放毒素及有害代谢产物，导致被寄生的动物长期营养不良、免疫机能下降，造成动物消瘦、腹痛甚至死亡。在人工养殖穿山甲时，寄生虫的滋生往往成为穿山甲致死的主要原因。其中，穿山甲中最常见的寄生虫是蜱虫。

蜱虫吸食穿山甲的血液，使得穿山甲缺乏营养。不止如此，这些蜱虫还会传播其他病原体。我们在一批救护的马来穿山甲中发现，90% 以上穿山甲身上拔除的蜱虫都带有埃立克体，并且死亡的马来穿山甲的尸体有出血性肺炎、红细胞变形、脾脏充血、出血性肾炎病变等症状，在肺脏与脾脏中也都检测到了埃立克体，说明蜱虫将携带的埃立克体传播给了穿山甲。

穿山甲的寄生虫还有线虫。它们吸食穿山甲的营养，会造成穿山甲营养不良。而且，这不是个例。在广西大学 2016 年发表的一篇论文中提到，他们在 2015 年走私罚没的一只野生中华穿山甲的肠胃中共检测出广东婿捲线虫 866 条。这种线虫在 1958 年、1998 年都在野生穿山甲体内检测到过。这种线虫主要寄生在穿山甲的胃内壁及胃腺体内，造成胃黏膜增厚及胃腺体肿胀。野生穿山甲中常见的寄生线虫还有毛陈属线虫、寄生于穿山甲的肝静脉的双瓣属陈丝亚属的线虫。这些线虫的感染会导致穿山甲消瘦、贫

我把自己蜷成一个球

血或诱发其他疾病，严重时往往致死。

穿山甲还携带绦虫。2010 年，华南师范大学穿山甲人工救护与保育研究基地救护圈养的一只雄性马来穿山甲死后，人们在它的小肠中共发现了 6 条绦虫，长度在 6 ~ 18 厘米，将小肠完全堵塞，寄生处存在多个出血斑。显然，其死亡与肠道寄生虫有关。在其他地方人工圈养的马来穿山甲肠道中也时常发现有绦虫。

除了以上列举的寄生虫，穿山甲体内的寄生虫还有美洲钩虫、弓形虫、肺吸虫、旋毛虫等，可损伤穿山甲的肠胃并引发心肌炎、肺炎、干眼等并发症。

穿山甲因消化道寄生虫与营养衰竭致死的案例已经屡见不鲜。有研究者认为穿山甲适应圈养环境后，体内存在的寄生虫或将成为其健康的最大威胁和应激因素。常见的寄生虫感染分为消化道寄生虫和体表寄生虫两种。消化道寄生虫的特点是群体传播，临床症状表现为体重减轻、厌食、肥厚型胃炎、血便等，最后导致营养衰竭死亡。上述的线虫就属于消化道寄生虫。体外寄生虫除了上述的蜱虫，还包括螨虫、虱子等，多发生于体表。

我能上树哦

我们人类了解的病原体知识，尤其是发现的病原体种类还非常有限，还存在大量我们仍未知的病原体。尽管穿山甲携带包括冠状病毒在内的大量病原体，但只要我们与穿山甲等野生动物不发生亲密接触，这些病原体直接传染人类并导致人类之间传播的概率非常低。同时我们要养成良好的生活习惯，注意个人卫生，勤洗手，增强自身免疫力。相信随着科学技术的进步和疫病知识的积累，我们终将战胜并消除人兽共患病原体导致的疫情。

## 第四节　猎捕、杀害穿山甲有什么法律风险

根据《中华人民共和国刑法》第三百四十一条，非法猎捕、杀害国家重点保护的珍贵、濒危野生动物的，或者非法收购、运输、出售国家重点

保护的珍贵、濒危野生动物及其制品的，处五年以下有期徒刑或者拘役，并处罚金；情节严重的，处五年以上十年以下有期徒刑，并处罚金；情节特别严重的，处十年以上有期徒刑，并处罚金或者没收财产。违反狩猎法规，在禁猎区、禁猎期或者使用禁用工具、方法进行狩猎，破坏野生动物资源，情节严重的，处三年以下有期徒刑、拘役、管制或者罚金。

近年来，各地检察机关办理了一批野生动物保护领域的公益诉讼典型案件。下面是我国最高人民检察院公开的一些珍稀野生动物相关的公益诉讼的犯罪案例的摘录，希望能帮助读者了解非法捕猎穿山甲等野生动物的法律风险并且给那些心存侥幸的人员带来一些警醒：

穿山甲（国家一级重点保护动物）案：2019 年 6 月 12 日，江苏省首例涉珍贵濒危野生动物犯罪刑事附带民事公益诉讼案在常州市金坛区人民法院公开宣判，2018 年 4 月至 6 月间，袁某、杜某、迟某等 21 人非法收购、

到草丛深处看看

我是美丽的小天鹅

出售国家重点保护的珍贵、濒危野生动物穿山甲及其制品。该案依法扣押穿山甲活体7只、冻体39只，穿山甲鳞片若干，穿山甲制品2袋。他们收购、出售的穿山甲11只，经过多次转手，非法流向餐饮行业。2019年6月12日，21人分别被判处拘役四个月缓刑六个月至有期徒刑三年六个月不等，并处罚金人民币3000元至3万元不等。法院在追究袁某等人刑事责任的同时，按照每只穿山甲8万元的标准追偿资源破坏补偿费。21人共同赔偿88万元资源破坏补偿费，共同承担专家咨询费1万元，并在媒体上公开赔礼道歉。

小天鹅（国家二级重点保护动物）案：2018年6月15日，湖南省最大非法猎捕杀害珍贵濒危野生动物案在湘阴县法院公开审理。2016年11月下旬至2017年1月17日期间，胡某等14人为牟取利益，在明知小天鹅是国家重点保护野生动物的情况下，在湖南省湘阴县横岭湖省级自然保护区内6次非法猎捕、杀害候鸟，共非法猎捕、杀害小天鹅52只，并按照约定的比例分配捕获的小天鹅，再各自进行销售。2018年9月18日，湖

我是身手敏捷的果子狸

南省湘阴县人民法院作出一审判决，主犯汪某平、胡某武分别被判处有期徒刑 11 年、9 年，其余 12 名被告人被判处有期徒刑 1 年至 7 年不等，并均被处罚金。同时，法院责令汪某平等 7 名附带民事诉讼被告人停止侵害，共同赔偿造成国家野生动物资源损失、替代性方式修复生态环境费用等合计 165472 元，在相应损失范围内承担连带责任。

白鹇（国家二级重点保护动物）和果子狸（国家“三有名录”保护动物）案：2018 年 5 月 29 日，浙江省龙泉市人民法院在龙泉市竹垟畲族乡公开审理了王某某等非法猎捕、杀害、收购、出售珍贵、濒危野生动物刑事附带民事公益诉讼案。2017 年 11 月 12 日至 11 月 13 日，兰某某在一山坳处猎捕 1 只白鹇和 3 只果子狸，并将它们出售给王某某，王某某又将这只白鹇和其中 1 只果子狸出售给翁某某。另调查发现，王某某还有非法猎捕、收购尖吻蝮、乌梢蛇共计 6 条和棘胸蛙 45 只等破坏生态的违法事实（尖吻蝮、乌梢蛇、棘胸蛙也都是国家“三有名录”保护动物，即国家保护的有重要生态、科学、社会价值的陆生野生动物），损害了社会公共利益。最终法院判令三名被告人依法承担相应的刑事责任，并且王某某、兰某某对猎捕、杀害、收购、出售珍贵、濒危野生动物所造成的生态环境损失 8600 元承担连带赔偿责任，翁某某对其非法收购珍贵、濒危野生动物所产生的生态环境损失 6200 元承担连带赔偿责任，并在媒体上公开道歉。

全国人大常委会于 2020 年 2 月初部署启动野生动物保护法的修改工作。2 月 24 日，第十三届全国人大常委会第十六次会议通过了《关于全面禁止非法野生动物交易、革除滥食野生动物陋习、切实保障人民群众生命健康安全的决定》，其中第一条明确规定："凡《中华人民共和国野生动物保护法》和其他有关法律禁止猎捕、交易、运输、食用野生动物的，必须严格禁止。对违反前款规定的行为，在现行法律规定基础上加重处罚。"我们要增强法律意识，对野生动物，不猎杀，不贩卖，并号召周围的朋友也一起来加入保护野生动物的行动中。

看看这里有什么

# 第五章　穿山甲有何奇特之处

## 第一节　穿山甲有哪些独特的地方

穿山甲有很多独特、可爱的地方。

穿山甲最奇特的地方要从它的皮肤附属物说起。皮肤是生物体面积最大的器官，是与环境接触的第一道屏障，执行着重要的生理功能，广泛参与生命活动进程，包括生长发育、防御保护以及抑制肿瘤发生等。在与环境长期接触过程中，动物的皮肤衍生出各种各样的附属物，如羽毛、棘刺、鳞片等。虽然皮肤附属物有着千差万别的表观特征，但它们都是毛囊中各种分子相互作用的产物。虽然不同类型皮肤附属物的毛囊具有相似的基本结构，但参与皮肤发育的不同调控基因决定了毛囊的尺寸和形状，附属物的颜色、长短及弯曲程度等诸多差异。穿山甲皮肤附属物的奇特之处在于它的鳞片，它是哺乳动物中唯一的全身包裹鳞片的动物，具有抗粘连、抗磨损等显著特性。它的指甲特别长、坚硬无比。这种特殊的身体构造，使得穿山甲具有超强的钻洞本领，特别擅长刨挖蚁穴。

穿山甲身披鳞甲，就真的那么威风凛凛吗？其实不是。穿山甲生性胆怯害羞，防御能力比较差，几乎没有进攻性，很容易被捕捉。而且，穿山

我要外出探险啦

甲皮肤伤口愈合能力弱，常常会因为一个小小的伤口无法愈合，使得伤口逐渐变大而导致其死亡。这可能跟穿山甲自身的免疫系统较弱有关。根据中华穿山甲的测量数据，它的肝脏不发达，长约 75 毫米，宽约 57 毫米，重约 73 克，约占体重的 2.7%。而肝脏很发达的豪猪的肝脏能占到体重的 4.59%。因此，相比较而言，穿山甲的肝解毒功能弱，免疫系统弱。将穿山甲基因组与其他哺乳动物基因组进行比较研究，发现穿山甲的一些免疫基因假基因化了，比如 IFNE 基因。假基因是基因家族在进化过程中形成的丧失功能的残留物。IFNE 基因在人体中能正常运作，并对皮肤和黏膜的免疫力发挥重要作用，而穿山甲的这个基因假基因化了就可能丧失了相应的功能，这可能是穿山甲皮肤愈合能力弱的原因。穿山甲坚硬的鳞甲在一定程度上可以弥补它们免疫系统的不足，坚硬的鳞甲可抵御外敌，使得穿山甲的皮肤免受外部侵害，减少受伤机会。当遇到天敌时它们会蜷成一团，让整个身体无死角地覆盖鳞片，坚硬无比，令天敌无从下口。蜷成一团的穿山甲在逃跑时可以很迅捷地顺坡往下滚，依靠其坚硬的鳞甲保护自己。但是，这种防御办法对偷猎的人类来说是无效的，蜷成一团的穿山甲很容易就被带走了。因此，随着人类盗猎的猖狂，穿山甲的数量急剧下降，种群濒临灭绝。

穿山甲的另一奇特之处在于它特殊的食性。在长期的进化过程中，穿山甲形成了专门吃蚁类的特殊的食性。它们喜欢吃白蚁，也吃蚂蚁和少量其他昆虫，所以它们生活的地方一定要有大量的蚁群，人们在救护穿山甲的饲料中都要加入白蚁或蚂蚁才行。穿山甲喜欢吃的白蚁和蚂蚁有很多种，但并不是每种都喜欢吃，它们也会挑食。例如，在非洲苏丹，22 种可获得的蚂蚁中，南非穿山甲只捕食其中的两种。我们人类害怕蚁类的蚁酸会腐蚀皮肤，但是穿山甲不怕。为了帮助消化吸收吃进去的蚁类，穿山甲肠道中具有与食蚁性相关的肠道微生物和功能基因，如碳水化合物分解酶基因、几丁质分解酶基因、纤维素分解酶基因等，具有分解和消化蚂蚁外壳几丁质的能力。

与特殊食蚁性相适应，穿山甲的舌头也很有特点，这主要表现在两个方面：一方面，穿山甲的舌头特别长而且很细，能伸进蚁穴的隧道当中，

扫荡食物，这样它们一次就能粘取很多蚂蚁或白蚁。穿山甲的舌头根部深入到胸腔，达到剑突的末端。它的舌头甚至比自身的身体还要长，成年穿山甲的舌头最长可达 68.5 厘米。这么长的舌头配上短短的脑袋，那平时岂不是要一直拖在地面上或者盘在嘴里？当然不是。穿山甲的舌头伸缩性很强，需要吃蚂蚁时舌头会伸得很长；不取食时它们会把一大部分舌头缩回来藏在体内，放在一个叫作喉袋的地方。这种舌头的结构非常奇特。另一方面，穿山甲的舌头上有大量的黏液，咽部和颈部都有特别发达的唾液腺，以便黏附和食用蚂蚁。穿山甲有牙齿吗？答案是没有。它们用舌头粘取食物之后，会直接把食物吞进胃里再进行磨碎消化。穿山甲胃部形态的研究

我的身形很美丽

表明，它的胃呈“C”型囊状，上皮布满厚厚的角质化鳞片状细胞，平滑肌特别厚，在幽门管中有许多突起。在它胃里的食物残渣中，还有少量细小沙砾。这说明穿山甲的胃不仅具有暂存食物、分泌胃液、初步消化和推送食物进入十二指肠的功能，可能还兼具研磨食物的功能，吞入的细砂用来增强食物的研磨，来弥补没有牙齿的不足。

穿山甲真的能穿山吗？它们的前爪很长而且特别锋利，可以很轻松地挖开泥土，非常适合用来挖洞。作为挖洞掘土的高手，穿山甲的挖洞速度非常快，一小会儿就能挖出一个大土堆，堪称“动物界的挖掘机”。但它们却不能挖动山石，穿山甲居住的地方都是泥土性质的。穿山甲的洞挖得很深，一般深达 3 ~ 4 米，挖这么深的洞也是为了保护自己。而且它们不止挖一个洞，它们要分别给自己挖出卧室（居住洞）和餐厅（觅食洞）来。白天，在洞穴中睡觉；每到晚上，穿山甲就会外出到树林中到处寻找蚁穴。

穿山甲是穴居动物，你以为它们就只会挖洞吗？那就太小看它们了。穿山甲可以说是有“上天入地”的本领：爬得了树，钻得了洞，游得了泳。大部分穿山甲会爬树。生活在非洲的长尾穿山甲（黑腹穿山甲）几乎都是生活在树上的，它们长长的尾巴非常适合攀爬。它们爬树时锋利的前爪钩住树干，尾巴作为支撑，可以很灵便地往上爬；下树的时候就显得笨拙一些，常常蜷成一团滚下去，反正有坚硬的鳞片保护，不会受伤。穿山甲不止会爬树，还会游泳，而且水性挺好呢。

穿山甲还很聪明。穿山甲的头虽然很小，但是它的颅腔占头骨的比例是哺乳动物中较高的，说明它可能还是高智商的动物。例如，穿山甲吃饭时不会一次将整个蚁巢的白蚁或蚂蚁都吃完，会留下一些蚂蚁，让它们继续繁衍生息，等这些蚂蚁的数量增多了再来吃它们，这样食物就源源不断啦。据猎人介绍，当食物不够丰富时，中华穿山甲还会通过主动招引蚂蚁或白蚁来增加食物来源。它们挖掘或选择废弃的居住洞和觅食洞，将干枯的蕨类或野草拖入洞中掩埋，使其腐烂，以滋生和招引蚂蚁或白蚁。这么高的智商，是不是它们存在四千多万年的原因呢？穿山甲挖掘蚁穴、捕食蚁类时，总有一些蚂蚁到处乱跑，如果爬到它身上怎么办呢？这时，聪明的穿山甲会张开鳞片，故意让蚂蚁爬进去，然后关紧鳞片，跳进水里后再张开鳞片，这样蚂蚁浮上来，就可以吃了。蚁穴不好挖时，它们吃不到蚂蚁还会故意张开鳞片释放出特殊气味引诱蚂蚁爬到鳞片里。穿山甲的聪明还表现在它们对洞穴的选择和利用上。它们似乎是会思考的，新挖的洞穴它们一般是不会立即入住的，防止被天敌或人类发现。而且，当它们居住在洞里的时候会找些东西将洞口盖住，防止被天敌发现引来危险。

穿山甲的独特之处还有很多，比如，穿山甲具有乳腺一对，和灵长类一样都是胸位，和人类很像。穿山甲带娃也有一手，它们通常一年只产一胎，一次只生一个幼崽。幼崽还小的时候，母亲会把幼崽背在尾巴上行走，幼崽也会乖乖地抓住妈妈的尾巴。穿山甲还很爱干净，排便前先自己挖一个"厕所"，排泄后用松土覆盖。穿山甲夜间觅食后，会主动寻找土路、山脚、沟旁的泥坑打滚"洗澡"。

## 第二节　穿山甲有哪些重要价值

自然界是由许多复杂的生态系统构成的，野生动物是大自然的产物。有一种植物消失了，以这种植物为食的植食动物就会消失；食物链中底层

我偶尔结伴出行

动物没有了，捕食这种动物的食肉动物将会饿死；部分动物的死亡又会对其他动物产生影响。所以，大规模野生动物毁灭会引起一系列连锁反应，最后造成大量物种的丧失或少量物种的泛滥，带来严重的生态后果。

穿山甲在维持生态系统平衡中扮演了重要角色，具有重要的生态价值。它们最喜欢吃的白蚁是世界五大害虫之一，危害多种林木、建筑，我国每年因白蚁危害造成的直接经济损失高达几十亿元。穿山甲是白蚁的天敌，一只体重 3 千克的穿山甲，一次能食白蚁 300 ~ 400 克，对控制白蚁种群数量有重要作用，一只穿山甲可以保护约 17 公顷的森林不受白蚁危害。可见，它们是当之无愧的“森林卫士”。

中医上认为，穿山甲具有很高的药用价值，中药传统方剂和古代医书中穿山甲起主治疗效的方剂就多达 489 个。根据记载，穿山甲的鳞片、皮、肉、胃和鲜血均可入药，特别是穿山甲的鳞片具有消肿排脓、通经下乳、

我的鳞片排列很整齐

疏风通络的功能。穿山甲鳞片经过炮、烧、醋、炒等方法加工后可用于多种疾病的治疗，单独使用时可用黄酒冲服治疗产后乳汁不通，或白水送服治疗尿血疾症。民间认为穿山甲的肉有清热解毒、滋阴的功效，并能主治清疮痒、疗癌肿、久病体虚，乳汁少的产妇食用它的肉可刺激乳汁分泌。除了在中国，印度穿山甲、马来穿山甲、南非穿山甲的鳞片也被它们分布地的当地居民用来入药。

动物实验研究表明，穿山甲鳞片的确有刺激乳汁分泌，缓解风湿性关节炎的足部肿胀，降低关节炎指数、血液黏度的作用，但抗炎效果不明显。

在巨大利益的驱使下，穿山甲遭到非法贸易、滥捕滥杀，濒临灭绝。现存的 8 种穿山甲中，有 3 种穿山甲处于极危级别，3 种处于濒危级别，2 种处于易危级别。

与传统观念相反的是，也有研究表示，其实穿山甲的鳞片成分就像人类的指甲一样，主要由 α 和 β 两种角蛋白构成，也包含少量其他结构物，如烃基硅的有机化合物，能够维持穿山甲体表干燥。穿山甲鳞片主要由 C、

N、O 化学元素组成，并含有 Si、S、Al 等微量元素。穿山甲鳞片中含有的 18 种氨基酸，与动物毛发和羽毛的氨基酸组成差别并不明显。因此，这些人认为其实穿山甲的鳞片并没有特殊的功效。

在 2020 年出版的《中国药典》中，穿山甲未被继续收载。究竟穿山甲是否有传说中的高药用价值还需要科学实验去证实。

除了生态价值和药用价值，穿山甲还有重要的仿生学方面的价值，人们根据它的外形设计出各种物品应用在我们的生活中。

穿山甲的鳞片呈剃刀状，以相互堆叠顺序向下排列，看起来像穿了盔甲一样，明朝《武备要略》中“造坚甲”的甲式战袍就借鉴了穿山甲布满鳞片的体表，仿造出战甲用来保护军队将领。

另一个利用穿山甲的仿生学的例子是生活中的穿山甲背包，这种背包的外观模仿了穿山甲的鳞片排列，把背包的最外层制成可伸缩的关闭层，使用有磁性的材料使它们可以一节套住一节，做成一个类似穿山甲的盖子，硬片之间相互重叠，使得穿山甲背包更安全耐用。这样的设计实在太酷了，穿山甲背包曾经获得 2010 年 Steel Pencil Design Award 的奖项！

模仿我们鳞片排列的穿山甲背包

除了外形的仿生学应用，穿山甲鳞片耐磨损特性受到很多材料领域研究者的关注。通过借鉴穿山甲、蚯蚓等土壤动物的柔性特征，中国研究人员研发了钢环 + 钢环的链布式柔性衬、钢链 + 间隙空间的链条式柔性衬，以及刚性辊 + 非光滑橡胶套的柔性辊等技术。穿山甲长期生活在土壤和砂石之中，擅长挖掘，却从来不会弄伤自己的体表，有研究人员利用穿山甲鳞片高耐磨性的结构特点在灰铸铁表面建立应对滑动磨损的仿生耦合结构，研究刀具减摩机制实现降低切削力及减少摩擦的目的等。中科院金属研究所沈阳材料科学国家（联合）实验室的研究人员，通过研究穿山甲鳞片在水合作用下的形状记忆效应，以及由此引起的自修复效应，提出了定量描述形状回复与自修复过程的动力学模型，从分子结构出发阐释了水合的影响及其微观机理，为从仿生角度设计人造形状记忆与自修复材料提供了指导。通过模拟穿山甲鳞片，有助于激发设计高性能合成装甲材料的灵感，可能推动自我恢复型防弹衣的发展。

我的样子萌萌的

# 第六章　为什么要保护穿山甲

## 第一节　穿山甲面临哪些威胁

2015年发布的《中国生物多样性红色名录——脊椎动物卷》评估结果显示，我国哺乳动物受威胁物种（极危、濒危、易危等级）共计178种，占物种总数的26.4%。其中，特有种中有38种为受威胁物种，占特有种总数的25.3%。《世界自然保护联盟濒危物种红色名录》将野生动植物分为9个不同的保护级别：灭绝、野外灭绝、极危、濒危、易危、近危、低危、数据缺乏、未评估。《濒危野生动植物种国际贸易公约》将野生动植物分为附录Ⅰ、Ⅱ、Ⅲ，附录Ⅰ包括所有受到和可能受到贸易的影响而有灭绝危险的物种，这些物种只有在特殊的情况下才能允许贸易；附录Ⅱ包括虽未濒临灭绝，但如对其贸易不严加管理，就可能变成有灭绝危险的物种；附录Ⅲ包括任一缔约国认为在其管辖范围内应进行管理以防止或限制开发利用，而需要其他缔约国合作控制贸易的物种。

2010年后，所有穿山甲均被列入《濒危野生动植物种国际贸易公约》附录Ⅱ，南非穿山甲和亚洲4种穿山甲还被列入《世界自然保护联盟濒危物种红色名录》。国际自然保护联盟物种生存委员会专门成立了穿山甲专家组，指导、协调全球穿山甲保护生物学研究，收集保护信息。在我国，中华穿山甲被列为国家二级重点保护野生动物，并被《中国濒危动物红皮书·兽类》定为易危级。2014 年 7 月 31 日，国际自然及自然资源保护联盟在《世界自然保护联盟濒危物种红色名录》里将中华穿山甲正式评定为“极危”级别。2016 年 10 月初，《濒危野生动植物种国际贸易公约》缔约国大会已通过将所有 8 种穿山甲物种提升至附录 I 的提案，该提案于 2017 年 1 月正式生效，禁止一切穿山甲国际贸易。

穿山甲贸易禁止以来，穿山甲的交易数量开始慢慢地减少了，但由于市场的巨大需要和利益驱动，穿山甲的走私贩卖还是不能完全禁止，偷猎盗猎行为依旧猖獗，极大地阻碍了穿山甲的保护与种群恢复。再加上栖息地的破坏、穿山甲种群的自身因素以及全球范围内的生态入侵（指外来物种通过人的活动或其他途径引入新的生态环境区域后，依靠其自身的强大生存竞争力，造成当地生物多样性的丧失或削弱的现象），导致了穿山甲资源的日渐枯竭。这类独一无二的物种，正挣扎于灭绝的边缘。目前存在的 8 个穿山甲物种，由于分布范围和利用程度的差异性，生存现状和面临的问题有所不同。

对于亚洲穿山甲而言，目前面临的最大威胁是来自人类的滥捕和偷猎。过度猎捕利用必然导致资源衰竭，主要是因为对种群结构造成了破坏（当外界干涉力量持续超过种群自身调节能力时，种群便开始逐渐衰退以致无法恢复）。以中华穿山甲为例，在 20 世纪 70 年代后期至 80 年代末，捕捉穿山甲成为一种风气，捕捉量最大。例如，在广东省英德市石牯塘镇联山村，在这个时期，该村方圆 100 千米范围内至少猎捕了 5000 ~ 6000 头穿山甲，老猎手一般捕捉在百头以上，最少的也有 10 ~ 30 头，一般在 50 头左右。20 世纪 90 年代以后野生穿山甲数量越来越少，也越来越难捕捉。问卷调

好的天气或许会有好的收获

查发现，66.7%的被调查者回答还会到野外捕捉穿山甲，说明较高的狩猎压力依然存在。显然这与穿山甲价格持续上涨，会带来巨大的经济利益有关。在一些偏远山区，农民捕到一头穿山甲（一般4千克左右）就等同于一年劳作的纯收入（1840元，按2002年市场价计算）。

由于我国近几十年来的经济快速发展、城镇化扩张、交通路网建设等原因，自然生态环境的破坏和破碎化程度加剧，加上难以完全禁止的偷猎行为，我国哺乳动物的受威胁程度很高。

统计发现，20世纪60年代前后广东和全国穿山甲的估测资源量分别为10万头和90万头。长期以来，人们对穿山甲大肆猎杀，结果导致

野生穿山甲资源量急剧下降。从20世纪80年代初期，中华穿山甲资源蕴藏量就开始下降。尤其在20世纪90年代末到21世纪初期，中华穿山甲数量大幅度下滑。这一时期，穿山甲数量至少下滑了80%以上。从21世纪初期至今，估计中华穿山甲数量已经下降了88.88%～94.12%，栖息地内的种群密度已低至0.001134～0.0562只/平方千米。就原有的穿山甲产区来说，如福建、广东、广西三地至少一半以上已极为罕见或濒临绝迹。

与中华穿山甲主要用于国内消费不同，马来穿山甲一直是国际贸易中的主角。在整个20世纪早期和中期，涉及马来穿山甲的商业和国际贸易，主要包括活体、尸体和鳞片，估计每年数以万计。这种情况在整个20世纪70年代至90年代期间持续存在，在这一时期的一份

好像有猎物的味道

《濒危野生动植物种国际贸易公约》贸易报告中提到，马来穿山甲占据了穿山甲贸易数量的绝大多数，并且其交易区域范围正在加大。值得注意的是，潜在的非法贸易数量可能是报告中的物种贸易额的两倍以上。尽管在《濒危野生动植物种国际贸易公约》中已宣布停止关于马来穿山甲的一切商业贸易，但非法贸易在 2000 年后仍继续存在。在 2001 ~ 2019 年期间，马来穿山甲是全球最常被查获的穿山甲物种，几乎涉及其所有的分布范围。相关专家估计，2000 ~ 2013 年间，可能有超过 20 万只马来穿山甲被非法贩卖。证据表明，该物种将继续成为非法国际贸易的目标物种。在 2019 年 2 月，马来西亚沙巴州当局查获了 30 吨马来穿山甲，包括活体、尸体以及大量的鳞片。这样的报告还有很多，巨大的商业利益让人铤而走险和执法不力是这种现象屡禁不止的主要原因。

目前缺乏关于马来穿山甲野外种群的具体数据。2019 年新加坡曾经报道过当地的马来穿山甲种群数量为 1046 只。现有的证据表明，该物种在其历史分布区域的许多地方都在减少，如缅甸、泰国、越南等地。由于农业扩张和狩猎等原因，野外已经难以遇见，而在人类活动较为剧烈的低海拔区域，马来穿山甲基本已经灭绝。在老挝的三个分布地区，由于过度开发，在 20 世纪 60 ~ 90 年代期间，马来穿山甲的种群数量下降了 99%。

在越南，出于同样的原因，在 20 世纪 90 年代和 21 世纪初的 10 年间，穿山甲种群数量剧烈下降，在野外已很难见到。在柬埔寨，马来穿山甲种群数量也在下降，对当地猎人的采访表明，由于过度捕猎，该物种已从多个保护区消失。在印度尼西亚，马来穿山甲种群尚存一定规模，但当地种群正受到过度捕杀威胁；而在巴厘岛，马来穿山甲已经非常罕见。

印度穿山甲和菲律宾穿山甲的利用程度相对较小，但它们的种群也面临威胁。印度穿山甲的栖息地多种多样，食物和天敌对其种群数量影响很

我也可以很温顺

大。历史记录表明，印度穿山甲比较罕见，整体密度较低。关于印度穿山甲种群数量的调查有限，但通过数据汇总发现，部分分布区内的印度穿山甲数量有所下降。

有科学家基于 2010 ~ 2013 年穿山甲曾出没的洞穴数量估算了巴基斯坦的波托哈尔高原四个地区的印度穿山甲密度：2010 ~ 2012 年间，四个地区的穿山甲密度下降了大约 79%。

对菲律宾穿山甲的主要威胁是被过度利用，包括当地消费和国际贩运。贸易研究和对当地居民的调查表明，国内和国际贸易是菲律宾穿山甲被贩卖的主要驱动因素。20 世纪 80 年代菲律宾穿山甲的国际贸易盛极一时，2000 年后有所下降，但仍未断绝。

对亚洲穿山甲的另一主要威胁是它们的栖息地被破坏。穿山甲主要生活在亚高山及丘陵地带的阔叶林、针阔混交林、灌草丛中，对生存环境要求比较严格，对环境变化敏感，加上取食来源很少，只喜欢吃一些蚁类，因此适应环境的能力特别差，一旦它们生活的地方遭到破坏，短时间内它们的数量就会迅速下降。穿山甲栖息地遭到破坏的主要原因是树木的乱砍滥伐、交通道路的修建、石矿的开采，还有人口数量变多以及环境污染等。

由于亚洲穿山甲数量的大幅度下降，非洲穿山甲逐渐成为人们利用的首选，它们的生存也变得非常困难。

树穿山甲和长尾穿山甲在许多地区同域分布（生活在同一片区域），面临的生存压力相近。经过研究，它们的种群数量正在下降。2016 年，树穿山甲和长尾穿山甲被列为乌干达国家级濒危物种。不过在部分国家和地区，狩猎依旧合法，包括加蓬、刚果共和国和塞拉利昂。在这些国家，在

看你们怎么下嘴

持有狩猎和运输许可证的情况下，狩猎和交易是合法的，只是对地点和时间有限制。在布隆迪、肯尼亚或利比里亚，树穿山甲甚至没有得到法律保护，可以随意猎杀。

为了获取大量的穿山甲肉和甲片，偷猎盗猎行为依旧十分严重，再加上整个西非的森林砍伐现象十分严重，一些国家失去了高达 98% 的天然森林，严重破坏了长尾穿山甲和树穿山甲的生活环境。与此同时，非洲西部和中部人口的迅速增长、农业用地的快速开垦、林业开采以及对穿山甲生活地的开放，使偷猎行为更加严重。在 2013 年 9 月至 2014 年 1 月，加纳五个地区非法交易的 341 只穿山甲中，其中 82% 为树穿山甲。树穿山甲野生种群面临巨大的生存压力。

南非穿山甲和大穿山甲的主要威胁因素有两个：生存环境的破坏和亚洲的非法贸易。目前，在世界范围内它们的数量呈现下降趋势。

现将全世界 8 种穿山甲的种群情况总结在下表内，方便大家进行比较。

穿山甲的种群数量变化情况

| 地区 | 穿山甲种类 | 过去下降数量 | 未来预测下降数量 |
|---|---|---|---|
| 亚洲 | 中华穿山甲 | 过去 30 年间下降 89% ~ 94% | |
| | 马来穿山甲 | 21 年间下降 80% | 21 年间下降将超过 80% |
| | 印度穿山甲 | 21 年间下降超过 50% | |
| | 菲律宾穿山甲 | | 21 年间下降将超过 50% |
| 非洲 | 长尾穿山甲 | 过去 7 年，未来 14 年，下降 30% ~ 40% | |
| | 树穿山甲 | 过去 7 年，未来 14 年，下降超过 40% | |
| | 大穿山甲 | 过去 9 年，未来 18 年，下降超过 40% | |
| | 南非穿山甲 | 过去 9 年，未来 18 年，下降超过 40% | |

迈着矫健的步伐去觅食

总结来说，野生穿山甲濒危的原因有以下几点：

1. 人类无节制的利用。穿山甲的药用价值提高了其市场需求，市场交易带来的金钱利益促使人们以身试法，疯狂猎杀穿山甲，过度狩猎和利用将不可避免地导致资源稀缺，这是穿山甲野生资源短缺的主要原因。

2. 生存环境被破坏。这是导致穿山甲濒危的重要原因。阔叶林、针叶林和阔叶混交林以及亚高山和丘陵地区的灌木是穿山甲主要生活的地方。它们对环境的变化很敏感，对环境的要求也十分严格，所以一旦生活环境受到严重的破坏，它们的种群数量便会急剧下降。对穿山甲的种群历史研究显示，环境变化是近年穿山甲种群数量急剧波动的主要原因之一。基于穿山甲的基因组突变研究发现，穿山甲聚集了很多与疾病和胆固醇稳态相关的有害突变，这可能增加了它们对疾病的易感性，降低了它们在适应环境变化和高胆固醇饮食中的生存能力。

3. 外来物种的侵入和本地动物群体的竞争劣势。虽然这个问题很容易被人忽视，但它确实是造成本地穿山甲数量减少的一个很重要的原因。近年来，我国对于野生动物产品走私的查处越来越严，在广西、云南以及东部沿海的一些省份，每年都会有被解救的上千只穿山甲被放生到野生动物自然保护区。外来穿山甲吃东西的习性、活动的习性和生活地等方面与当地穿山甲相似，并且是当地穿山甲的竞争者。如果外来的穿山甲种类适应了当地的环境并处于竞争优势地位，那么对于当地的野生穿山甲来说就多了一个威胁，就会使我国野生穿山甲的濒危速度加快。

4. 穿山甲种群的生活历史及生活习性等原因。穿山甲是一种拥有将近4000万年历史的古老生物，它生宝宝的数量很少，一般来说怀孕一次只有一个宝宝出生，所以穿山甲的数量增加得很慢。穿山甲进化程度非常低，属于一种特殊的动物，需要特别的食物环境。穿山甲一旦遭到大量的猎杀，它们的数量就很难恢复到原来的水平，最终很可能会导致该地区的穿山甲灭绝。

穿山甲的生存状况岌岌可危，那我们应该如何去保护穿山甲呢?

首先，加强对野生动物保护法等相关法律法规的补充与完善，加强对野生穿山甲的保护管理，严厉打击对穿山甲的偷猎、走私等行为。对各地野生穿山甲进行摸底调查，掌握当地穿山甲种群动态与现存数量，加强基础研究，运用科学有效的保护手段进行管理。

其次，加大宣传力度，增强人们对穿山甲的认识，提高保护穿山甲的意识。一方面完善法律、严打广打，将一批气焰嚣张的不法分子绳之以法，展示法律的威严；另一方面，在主流媒体、自媒体、网络等多种渠道下广泛宣传，积极呼吁，使保护穿山甲成为一股经久不衰的良好风气。

最后，组建专门的野生穿山甲保护团队，对我国的野生穿山甲资源进行一次大调查，寻找野生穿山甲种群，建立自然保护区，加强穿山甲栖息地的保护和恢复，扩大穿山甲活动范围，加速穿山甲种群的恢复。建立保护区是主要的就地保护手段。鉴于目前的野外穿山甲种群状况，必要的迁地保护手段应该同时进行。人工繁育是迁地保护穿山甲的主要手段。目前穿山甲的人工繁育发展环境良好，理论指导逐步完善，技术难题得到解决，虽然尚未建立成熟的规模化养殖体系，但总体的养殖成功率已有所提升。笔者认为，时下迁地保护穿山甲最紧急的任务依旧是加强种源管理，集中

我的尾巴很长哦

人力物力攻坚，由点到面完成突破，总结出一整套完善的繁育理论，提高穿山甲养殖成功率。只有运用科学的养殖技术，才能在较短时间内增加穿山甲数量，解决保护问题，降低野生穿山甲种群的生存压力，缓解种群数量下降的趋势。在建立完善的保护系统之前，保证零星分布的野生穿山甲种群仍具有自主复壮能力，或拥有足够的优质种源进行人为种群修复。

在发展绿色生态的时代浪潮下，相关部门应加强开发穿山甲的人工育种技术，加强野化训练，为之后的种群恢复做准备。培养新型专业人才，集思广益，攻克人工养殖技术瓶颈，增加人工养殖的穿山甲数量，从源头上解决穿山甲濒临灭绝的问题。

《中华人民共和国野生动物保护法》将穿山甲列为国家重点保护野生动物，明确规定禁止破坏穿山甲的栖息地，任何组织和个人都有保护穿山甲及其栖息地的义务；禁止捕杀、生产、经营和食用穿山甲；非法猎捕、出售、购买、利用、运输、携带、寄递或者走私穿山甲及其制品的，处5年有期徒刑；情节特别严重的，处10年以上有期徒刑，并处罚金或没收财产。如果发现上述违法行为，请拿起手中的电话拨打“110”或者当地野生动物保护主管部门电话进行举报！

## 第二节　现在哪些地方还有穿山甲

红外相机技术通过自动相机系统（如被动式/主动红外触发相机或定时拍摄相机等）获取野生动物及人类活动图像数据（如照片和视频），并通过这些图像来分析野生动物的物种分布、种群数量、行为、干扰压力和生态环境利用等数据。该技术作为一种非伤害性的野生动物观测技术，已成为我国穿山甲野外调查和观测的重要工具和生态学研究的重要手段。相比于传统的观测方法，红外相机技术具有较明显的优越性，如能在恶劣的环境中昼夜连续工作，通过获得各种动物的真实图像确认物种的存在，可实现区域内动物多样性的快速评价，对大中型哺乳动物，行踪诡秘、夜行、稀有、外形易于识别的物种更加有效。2010 年之后，数码红外相机的性能得到进一步完善，价格也大幅下降，被广泛应用于野生动物多样性调查、种群监测、种群密度评估等科研和保护工作。

根据穿山甲的习性，在野外穿山甲洞口附近重点布设红外相机进行观测。目前在我国安徽、浙江、广东、广西等地区的许多地方均有拍摄到中华穿山甲的影像和照片，说明我国仍然具有一定数量的中华穿山甲分布，但种群数量已经非常稀少。

根据广东省生物资源应用研究所（原广东省昆虫研究所）有关材料记载，该所经过对珠海市西南部海域大杧岛进行科学考察，1984 年测定，岛上树木的平均高度为 3 米左右。1985 年再次进行调查，岛上一派生机，林木覆盖率达 85% ~ 95% 之间，林木的平均高度为 7 米左右。大杧岛植被类型属于季风常绿阔叶林。据 1988 年中山大学地理系的调查发现，大杧岛上的植物有 148 种，赤楠、春花树、余甘子、罗汉松、干松等较为常见。其中可作为猴类和鹿类采食的种类有 85 种以上。岛上无居民居住，以前常有渔民上岛砍柴或停留休息。20 世纪 80 年代初期，开始封山育林，保护效果明显。大杧岛已经成为野生动物野放实验的理想之地。

在 1984 年 8 月至 1985 年间，共有 21 只穿山甲被野放到大杧岛上。根据科研人员观察，在此后的几年里，大杧岛上的穿山甲得到了发展，在土层较厚的森林地带经常会发现穿山甲挖掘的新鲜洞穴。这可能是最早记载的开展穿山甲保护的活动。

## 第三节　怎么救护穿山甲

野生动物人工救护繁育是保护野生动物的有效手段之一。一般的做法是将救护成功的野生动物个体放归原栖息地，从而达到种群恢复的目的。我们国家已经进行了很多野生动物人工救护繁育项目，其中比较成功的救护案例是国家一级保护动物朱鹮：通过对朱鹮的人工救护繁育，使其从原来的 7 只恢复到 3000 多只的种群数量，将它从濒临灭绝的状态挽救回来，现在已经摆脱极濒危状态。经过近 40 年的拯救保护和科研攻关，陕西省的朱鹮数量不断增加，分布范围不断扩大。就地保护、人工繁育、野化放飞等朱鹮保护的“陕西模式”成为全球濒危物种被成功拯救的典范，创造了世界动物保护史上的奇迹。

由于食性特殊，人工条件下难以获得充足的白蚁，而且穿山甲的免疫力低下，一旦发生创伤很难愈合，容易死亡，穿山甲的人工救护繁育工作比较困难。除少数几家动物园外，我国的穿山甲人工养殖主要在各个野生动物救护研究中心和繁育基地开展。野生动物研究救护中心饲喂的穿山甲绝大部分来源于海关或森林公安查获的走私活穿山甲，而且很多都是马来穿山甲。

为了牟取暴利，那些无良的走私人员通常将米糊或面糊从穿山甲肛门处强行注入，从而增加重量；加上在被贩运过程中环境拥挤、嘈杂，绝大部分被救出来的穿山甲存在严重的应激反应（各种紧张性刺激引起的个体非特异性反应），甚至肠道出现机械性损伤。救护初期，很多受伤严重的穿山甲就已经濒临死亡。而处于强烈应激状态的穿山甲则会拒绝进食进水，出现这种情况的穿山甲通常会在一周内死亡。综合来看，穿山甲在引入初期这一阶段死亡率很高。究其原因，最重要的还是由于环境变化引起的强烈应激，导致机体抵抗力下降，造成肺炎、腹泻等多种疾病易发、高发，但目前却缺乏完善的穿山甲救护措施和相关的治疗药物。

在救护初期，工作人员都会对穿山甲进行全面的身体检查，了解它们的身体状况，以针对不同体质、性别、年龄的穿山甲制订相应的救护计划，做到科学化、精细化管理。通过为它们提供符合其生活习性的笼舍、食物

此处必有蹊跷

（工作人员会细心地给它们添加适量的益生菌、维生素等）、药物治疗等，逐步降低穿山甲的应激强度。

目前对于穿山甲的救护没有统一的操作规范，大致的救护过程如下：

## 1. 救护前期

各个野生动物救护中心收容救护的穿山甲绝大部分都是盗猎分子从国内外非法猎捕所得的，经过长途运输准备贩卖到市场。由于在捕猎过程中穿山甲难免受到伤害，运输过程中也会本能地企图逃逸、挣扎，很多被救护的穿山甲身上都有外伤。这时，工作人员会及时处理好它的伤口以防止伤口炎症加重。由于长时间被塞在一个狭小的空间内，这些可怜的穿山甲的身体状况通常很差，出现脱水、体虚、四肢乏力、昏迷等症状，因此在刚被救护到野生动物救护中心时，要及时为其提供清水，但是不宜立刻让其进食。要在初步检查身体状况之后，针对个体的具体情况为它们提供适宜的食物。

因处于危险状态，穿山甲会紧紧地蜷缩成一团，它们的四肢和尾巴强健有力，难以将其舒展开来。装运穿山甲的笼箱最好内壁平整、缝隙小，并且牢固可靠。尼龙袋也是一个很不错的选择。另外，救护笼舍的设计在防逃逸方面要考虑周全。

穿山甲四肢上的爪子和周身的鳞片非常锋利，工作人员在实施救治操作时要戴好手套，不要强行按压它的躯体，以免使其产生强烈的应激反应，伤害到工作人员或者穿山甲自身。

## 2. 收容救护

（1）处理疾病

被救护的穿山甲通常有病在身，需要及时进行处理。疾病主要有外伤、脱水性体弱、寄生虫病、肺炎、细菌或病毒感染等。

外伤通常是在查获、关押、运输、饲养过程中，穿山甲的躯壳、皮肤、四肢、嘴巴等部位发生的擦伤、损伤、压伤。主要症状为局部红肿、组织坏死、有脓汁。在外伤的防治上，如果是新鲜的创伤，工作人员要马上给它止血、纱布压迫，严重的可以敷云南白药；还要给它清洗伤口，再用清毒药物擦洗，如 3% 双氧水、0.5% 高锰酸钾等，以防伤口感染。如果有大的创口则会进行缝合、包扎。对于旧的、化脓的创伤，可能会先将创口扩大，将伤口内的脓汁、坏死的物质清除掉，使创伤形成新鲜的创面，再按照新鲜伤口的处理方法对它们进行治疗。

因为穿山甲身上有很多寄生虫，所以除了外伤，救护穿山甲基本上都要对它的寄生虫病进行处理。健康的野生穿山甲身上寄生的蜱虫少一些，但被收容救护的穿山甲身上往往携带着大量的蜱虫，这可能是由于应激的状态下免疫能力受到抑制导致的。过多的蜱虫寄生可能会导致穿山甲贫血、身体衰弱，这时需要人工清除蜱虫或局部使用驱虫药物进行治疗。通常穿山甲年龄越大，体表和体内的寄生虫就越多，包括蜱虫、绦虫、线虫、锥虫等。工作人员通过直接的体表检查，基本就可以确定体表寄生虫的种类；而穿山甲体内的寄生虫则需要使用驱虫药驱虫后进行粪便水洗观察。

穿山甲自我调节体温的能力很差，由于救护过程中强烈的应激反应，穿山甲的身体状况非常虚弱，温度起伏容易引起感冒，导致咳嗽、肺炎等。这是穿山甲救护初期致死率较高的一类疾病。因此，在穿山甲救护时，工作人员一定会特别重视温度管理和肺炎的相关检查。

（2）检查救护的穿山甲是否怀孕

穿山甲繁育过程中，宝宝的成活率过低一直是人工救护穿山甲项目中必须解决的关键问题。

部分穿山甲在被送到野生动物救护研究中心之前已经怀孕，但是由于穿山甲的怀孕特征比较少，往往不能靠直接观察来确认。在野外被捕的时候就已经怀孕的穿山甲，因为人为的猎捕和救护使生活环境出现巨大差异，

坏了，进入狮口了

往往会表现出强烈的应激反应，极为影响穿山甲宝宝的顺利产出。如果没有提前检查清楚它已经怀孕了，而将它当作普通穿山甲来照顾，极有可能导致弱胎、死胎，即使穿山甲宝宝顺利产出也比正常出生的宝宝存活率低。

穿山甲的人工救护发展到今天，对于它是否怀孕的鉴定已经有了一定的技术基础。

第一，直接观察法。人工饲养的马来穿山甲在怀孕期间，乳房有发育肿胀现象，而它的腹部形态无明显变化，这与中华穿山甲、南非穿山甲和印度穿山甲的怀孕表现相似。因此，雌性穿山甲的乳房变化情况可作为鉴别它是否怀孕的特征之一。

第二，孕酮检测法。孕酮是一种黄体激素，也就是常说的孕激素。动物受孕后，黄体会持续分泌孕酮，体液中孕酮水平会升高；如果没有怀孕，体液中孕酮的水平会降低。马来穿山甲也有这种情况，它的外周血中孕酮的含量在孕前、怀孕期以及产宝宝后还没进行哺乳的时候会有较大的波动。因此，工作人员可以通过检测穿山甲血液中孕酮的浓度来判断穿山甲是否已经怀孕。

第三，B 超检测法。B 超已经被广泛应用于猪、羊、犬、猫和兔等多种家养动物的养殖过程中，可用来检查雌性动物是否怀孕和监测胚胎的发育，甚至可以估测胎儿的数目和性别等。穿山甲圈养过程中，工作人员曾利用便携式 B 超机对 4 只曾经与雄性穿山甲合养的雌性马来穿山甲进行检测，其中 3 只被检测出怀孕，而且产下了 1 只健康的穿山甲宝宝，而另一只检测没有怀孕的雌性穿山甲最终也没有产崽。这说明 B 超检测可以作为工作人员检查马来穿山甲是否怀孕的一个快速、安全、有效的方法，可以应用于穿山甲的养殖实践中。目前 B 超检查已经成为鉴定穿山甲是否怀孕最可靠的方法，但在检测细节上仍需要进一步的完善。

（3）穿山甲的康复饲养

① 饲养环境

被救护的穿山甲死亡率高的原因之一，在于笼舍的细节设计不到位，没有给它建造一个舒适的符合它们生活习性的家。

首先是穿山甲笼舍的温度管理不到位。全世界现存的 8 种穿山甲，除长尾穿山甲外，都是穴居型哺乳动物。相对于地下洞穴而言，地面上的温度波动要比地下洞穴强烈，而人工救护圈养的条件下，穿山甲完全生活在地面上。对于最初引入的穿山甲，由于强烈的应激反应，身体免疫机能下降，只要笼舍环境温度起伏波动超过穿山甲的舒适温度范围，很可能会使它生病。例如，由于温度过低会引起咳嗽、肺炎，温度过高会引起腹泻（分为细菌性的、肠道寄生虫性的、营养性的），这些都是穿山甲比较常见的致死病因。

其次是穿山甲笼舍遮蔽物不够。部分笼舍设计者为了防止穿山甲掘土逃脱，用水泥或砖块修筑地面、墙壁，然后在地面上另放铺垫物。除食槽、水槽等必备用品外，其他物品极少。这与穿山甲的野外生存环境差异过大。穿山甲属夜行性动物，在野外，它们会在泥土地带修筑洞穴，且排泄完以后有掩埋粪便的非常讲卫生的习惯。在遮蔽物不足的笼舍里，穿山甲的应激反应无法得到有效缓解，加之随处排便污染笼舍，导致细菌滋生、疾病多发，对救护养殖工作造成了干扰。

因此，穿山甲笼舍的设计者应参考野生穿山甲的生存环境和洞穴生态环境，通过现有手段尽量还原其自然生活状态，提供远离人为干扰、具有隐蔽功能、符合穿山甲野外生活习性的笼舍。为了给救护的穿山甲安排一个舒适的家，工作人员在饲养穿山甲的墙壁上悬挂取暖装置及温湿度计，温度控制在 23 ~ 26 摄氏度，相对湿度在 50% ~ 70%。为了便于观测记录，有时他们还会在笼舍区安装监测系统。穿山甲的家的室外部分要有光照，工作人员会给它们铺一小水池供其饮水、戏水，种植一些乔灌木供其攀附躲藏。

另外，对于穿山甲笼舍里铺的垫料，要避免选用秸秆、刨木花、棉花等。因为秸秆尖端容易戳到穿山甲的眼睛；刨木花、棉花在穿山甲舌头伸出时容易被舌头上的黏液粘住带进口腔、咽部导致它窒息而亡。相比较而言，沙子是较为理想的穿山甲笼舍垫料。

穿山甲生性胆小机警，在人工救护的过程中较难进食，稍有风吹草动它便蜷缩起来，这对人工喂食工作造成了很大困难，所以为穿山甲调配出适合的食物来引起它们的食欲很重要。工作人员会把食物加水搅拌均匀，放入食盆中。相对于饥饿来说，动物更怕口渴，失水 20% 就可能导致动物死亡，故每日给穿山甲供水必不可少。穿山甲没有牙齿，所以工作人员会将穿山甲饲料制成流体食物，每日检查吃食情况，从而调整第二天的食物配比与数量。在饲养过程中，工作人员还要注意保持安静的环境，一般在窗外观察，避免直接进入而引起穿山甲恐慌；做到每日清洁它的粪便，让它的家保持环境卫生。

② 穿山甲的饲料

目前，穿山甲难以养活和繁殖的主要原因之一是难以为其提供适宜的饮食。穿山甲食性高度特化，在野外主要以蚂蚁和白蚁类为食，偶尔进食蜜蜂的幼虫、蠕虫等无脊椎动物。然而，在人工环境下，很难提供足量的天然食物以满足穿山甲的需求。

穿山甲以低等的无脊椎动物昆虫为食，而绝大多数的人工食谱却是奶制品、谷物和脊椎动物的肉类。至今，已报道的许多穿山甲的人工食谱配料包括：肉类（绞碎的牛肉、马肉、鱼粉、猪肝、牛心等）、鸡蛋、奶粉、兰科植物叶子、车前子、胡萝卜、泥土、灌装猫食、狗粮、酵母、维生素、燕麦片、面包、苹果、蜂蜜、椰子粉、蚂蚁、白蚁、黄粉虫、蟋蟀等。这样的人工食谱的理化性质和营养成分与天然食谱具有较大差别，把这些食物提供给穿山甲时，它们往往拒绝进食，即使能够正常采食，也经常出现腹泻或肠胃炎症，长期采食这种食物也不能满足它们的营养需求。这可能是目前穿山甲养殖过程中出现肠胃疾病、不能长期存活的主要原因之一。

穿山甲的人工食谱要充分考虑到其天然食性特点及消化生理特点。研究表明，这种哺乳动物的消化器官已然特化以适应其特殊的饮食习惯，它们胃中存在的结缔组织纤维的排列和分布与特定的食蚁性相关。穿山甲主要以高脂肪高蛋白的无脊椎动物蚂蚁和白蚁为食，尽管它没有牙齿咀嚼功能，但胃的结构特征表明它的胃液浓度较高，且胃部具有较高强度的机械活动能力，能够碾碎具有坚硬外壳的蚂蚁和白蚁。因此，我们在制订人工食谱时，首先应选择那些容易获得的、与蚂蚁或白蚁分类较近的无脊椎动物，如用蚕蛹、蜂蛹等昆虫作配料，因为这些配料相对于其他物质，与蚂蚁或白蚁的营养组成和理化性质更为接近，更符合穿山甲消化生理机能特点，也更能够满足穿山甲的营养需求。另外，为避免消化不良或人工食谱某些营养素的不足，工作人员在配料时会在食物中添加一些矿物元素、维生素、益生菌和酵母等营养添加剂，以提高穿山甲的免疫力和消化能力。此外，解剖发现其胃部经常存在小碎石。虽然这些砂石没有特殊的营养功能，但它们可以辅助胃将食物磨碎，以弥补其无牙齿咀嚼的缺陷，所以，在人工食谱中也需添加适量小砂石，以满足穿山甲食物消化时的特殊需求。

③ 救护、饲养穿山甲的经验

通过多起穿山甲的救护，工作人员对穿山甲的救护积累了一些经验。对于刚接收到的穿山甲，首先不管其身体干净与否，都要用含3%高锰酸钾的清水进行清洗，如果是在气温较低的季节要用温水清洗。然后仔细检查穿山甲有无创伤和体外寄生虫。如发现创伤要及时处理。体外寄生虫主要是蜱虫，如果是较大些的蜱虫可以用镊子清除。特别值得注意的是穿山甲的伤口和体外寄生虫很大一部分是在鳞片下面，假如不逐片拨开细心查看是难以发现的。收容救护的穿山甲有的体内被灌注流体物质或砂石，对胃肠道消化系统的伤害极大，有时那些被灌注的物体被堵在里面根本无法排泄出去，这种情况很难救治成功，但可尝试采取一些有利于促进排泄的方法。

对于刚收容到的穿山甲，饲料的添加相对而言不是特别的重要，首要的是第一时间给穿山甲放置一份葡萄糖盐水以补充体液，最好加些奶粉。食物以固体粉末为主，加奶粉、牛奶或鸡蛋、水搅拌混匀成糊状。

糟糕，我被抓起来啦

要注意观察分析，逐步改进饲料配方，对饲料的营养及适口性加以调整，并将食物与水同时置于安静舒适的环境。由于穿山甲的取食方式特殊，在饲喂过程中，最好不要让食物离水太远。如果有已救护成功的穿山甲个体，在确保新接收到的穿山甲健康状况良好的情况下，可以将两者放在一起。前者对后者的进食能起到一定的诱导作用，可以加快其在人工饲养条件下自主进食进程。另外，在气温低于 10 摄氏度的情况下要进行人工加热保温。

# 结 语

穿山甲是属于哺乳纲鳞甲目穿山甲科穿山甲属的具有独特食蚁性的哺乳动物，主要以白蚁和蚂蚁为食，具有“森林卫士”的美称。现存 8 个种类，分布于亚洲和非洲的热带及亚热带地区。其中，4 个种类分布于非洲，4 个种类分布于亚洲。

## 我国为何要进行穿山甲的保护？

长期以来，穿山甲的非法贸易日益严重，加上其栖息地遭到大规模的破坏，使得穿山甲的野生种群数量急剧下降。例如，我们熟悉的中华穿山甲，历史上主要分布于我国南方地区（如广东、广西、云南、四川、西藏、贵州、江苏、江西、浙江、安徽、湖南、湖北、福建、台湾、海南）和东南亚等地区，但现在野外自然种群数量非常稀少，很多传统分布区也已经绝迹。

尽管一直有企业和单位曾试图人工养殖穿山甲，但由于缺乏对穿山甲基础生物学知识的了解，缺乏对穿山甲生态、繁殖、行为、生理生物学系统的研究，加上穿山甲生物学习性独特，营养饲料以及病害问题难以解决，饲养难度大，最后均告失败。

近年来，穿山甲走私越来越猖狂，缴获的活体数目不断增加，需要救护的穿山甲也越来越多，其中主要是马来穿山甲和中华穿山甲。但是救护过程中面临着繁殖率低、死亡率高，个体来源不清晰，同时人工饲料不能满足穿山甲生长需求等问题，使得其种群数量难以维持和恢复。穿山甲救护也常被炒作成新闻事件，引起国内外高度重视。

## 穿山甲保护为何这么迫切？

一方面，我国野外很难再发现中华穿山甲的个体，中华穿山甲几乎达到了濒临灭绝的边缘；另一方面，国内走私罚没需要救护的穿山甲越来越多，但相关研究严重滞后，穿山甲很多基础生物学知识缺乏，人工救护成活率不高，丧失了很多穿山甲研究和种群恢复的机会，所以建立中国穿山甲研究中心可以有效加大我国对穿山甲的保护力度，增加恢复我国中华穿山甲野外种群的机会。

## 通过人工救护繁育恢复穿山甲种群可行吗？

濒危物种保护方面我国已有非常多成功的经验：被称为“活化石”的扬子鳄经过 10 多年的人工救护繁育，已经从 200 多条复壮种群到 9000 多条；世界珍禽朱鹮由仅存的 7 只复壮种群到 3000 多只，摆脱了濒临灭绝的险境。所以人工救护和繁育已成为保护濒危物种的重要手段。

近年来，国内有科研机构和野生动物救护研究中心在中华穿山甲和马来穿山甲救护和人工驯养繁殖方面做了一些探索研究工作，广东省生物资源应用研究所联合深圳市野生动物救护中心和东莞药用动物研究所已经成功救护了一批马来穿山甲，并成功进行了繁育。据报道，我国台湾动物园成功繁殖了中华穿山甲，并初步解决人工配合饲料问题。虽属于小规模探索试验阶段，未实现稳定的种群繁殖，但给我们提供了参考和借鉴。由此可见，通过人工救护繁育穿山甲来扩大其种群是可行的。然而，由于其存活率不高，极易患消化类疾病，从而导致其数量增长缓慢。

由于人类非法捕猎、破坏栖息地等原因导致穿山甲面临严峻的灭绝风险。在中国，野生的穿山甲已经很难找到。希望大家能够行动起来，保护这些可爱的精灵，不要让我们的子孙后代无缘见其真容。野生动物在维护自然界生态平衡方面有着重要作用，我们要坚决保护野生动物，严厉打击非法贸易。保护野生动物就是保护人类自己。

## 知识小贴士

### 穿山甲

［清］王则修

一种生成异物传，身披鳞甲动秋烟。
宛如社鼠穿墉固，亦似城狐据地偏。
穴里春饥寻蚁食，峰头日暮作龙眠。
无能血战玄黄野，流落高冈但蜿蜒。